建筑热质传递理论与应用

王莹莹　周晓骏　马　超　著

中国建筑工业出版社

图书在版编目（CIP）数据

建筑热质传递理论与应用/王莹莹,周晓骏,马超
著.—北京:中国建筑工业出版社,2018.10
ISBN 978-7-112-22438-8

Ⅰ.①建… Ⅱ.①王… ②周… ③马… Ⅲ.①建
筑物-围护结构-传热-研究 Ⅳ.①TU111.4

中国版本图书馆 CIP 数据核字(2018)第 153820 号

　　本书从实际需求中提炼建筑热质传递理论与应用中的问题,通过系统化的数理建模深入剖析问题的本质,展示了目前建筑热质传递领域的前沿成果。主要包括以下内容:(1)建材界面气固两相分配机理及内部气体扩散传质特性,室内热湿环境下挥发性有机化合物散发规律;(2)建材湿分与材料导热系数的定量关系,含湿多孔建筑材料导热系数修正计算方法;(3)建材内部和表面热湿耦合迁移机理,湿迁移对室内热环境及冷热负荷的影响关系。

　　本书可作为高等院校暖通空调、工程热物理、建筑技术等专业研究生教学参考用书,也可供从事建筑节能、建筑能源管理等科研及工程技术人员参考。

＊　　＊　　＊

责任编辑:张文胜
责任校对:姜小莲

建筑热质传递理论与应用
王莹莹　周晓骏　马　超　著
＊
中国建筑工业出版社出版、发行(北京海淀三里河路 9 号)
各地新华书店、建筑书店经销
霸州市顺浩图文科技发展有限公司制版
廊坊市海涛印刷有限公司印刷
＊
开本:787×1092 毫米　1/16　印张:11¾　字数:284 千字
2018 年 9 月第一版　　2018 年 9 月第一次印刷
定价:**38.00** 元
ISBN 978-7-112-22438-8
(32314)

版权所有　翻印必究
如有印装质量问题,可寄本社退换
(邮政编码 100037)

序

　　建筑室内热湿环境及空气质量与人体健康、舒适及工作效率息息相关，其控制过程中涉及大量的热质传递问题。高度围合密闭的建筑物，造成大量室内装饰形成的挥发性有机化合物等有害气体在室内空气中积聚，对室内人群的健康产生了极大的影响；同时，建筑材料含湿引起围护结构传热过程发生变化，其热湿迁移过程造成表面热湿状态变化，进而影响室内热湿环境与暖通空调负荷。虽有学者基于运输理论、分形理论对多孔介质传质问题进行著书，但是关于建筑领域热质传递理论及其应用问题鲜见系统阐述。

　　建筑室内热湿环境及空气质量调节控制的前提是对建筑热质传递理论及其应用进行详细分析。多孔建材中的相变传热与传质问题，涉及对多尺度孔隙的差异化分析方法，准确描述和揭示多孔建材中热量、质量和动量的传输机理和规律需进行大量深入系统的研究。建筑材料内部湿分含量、分布特征及传递特性是影响材料传热过程的重要因素，其不仅与材料孔隙结构特征有关，还受热湿环境影响，我国地域辽阔，热湿气候多样，且材料结构各异，揭示材料中湿分含量、湿传递对传热过程的影响程度，为进一步研究围护结构热湿迁移对室内热湿环境及建筑冷热负荷的影响奠定基础。

　　王莹莹博士从事建筑热质传递领域基础理论与工程应用研究工作已近10年，《建筑热质传递理论与应用》是其多年学术研究的积累。近年来，王博士作为负责人主持国家自然科学基金项目"十三五"国家重点研发计划合作单位课题、中国博士后科学基金项目、陕西省自然科学基金项目、陕西省博士后基金项目共5项，参与国家自然科学基金重大项目课题1项、面上项目4项、其他省部级项目3项，发表科研论文30余篇。所得成果主要体现在建材界面气固两相分配机理及内部气体扩散传质特性、含湿建材导热系数修正方法、围护结构热湿耦合迁移过程对室内热环境及冷热负荷的影响关系等诸多方面。作为反映作者长期研究成果的学术著作的问世，实乃对建筑热质传递领域的一大贡献。

　　作为西部绿色建筑国家重点实验室一项重要成果，值此《建筑热质传递理论与应用》专著出版之际，谨表祝贺，以为序。

刘加平

2018 年 6 月 15 日，于西安

前　言

建筑室内热湿环境及空气质量控制中涉及大量的热质传递问题。近年来建筑节能快速发展，使得建筑物趋于高度围合密闭，造成大量室内装饰形成的挥发性有机化合物等有害气体在室内空气中积聚，对室内人群的健康产生了极大的影响。同时，建筑围护结构内部热湿迁移过程造成表面热湿状态变化，进而影响室内热湿环境与暖通空调负荷，改变人体热舒适状态。虽有学者基于运输理论、分形理论对多孔介质传质问题进行著书，但是关于建筑领域热质传递理论及其应用问题鲜见系统阐述。

建筑热质传递理论分析是建筑室内热湿环境及空气质量调节的前提。本书是在总结作者及其所在课题组十余年主要研究成果的基础上完成的，主要包含了本团队在这一方向上三个方面的研究积累：（1）建材界面气固两相分配机理及内部气体扩散传质特性，室内热湿环境下挥发性有机化合物散发规律；（2）建材湿分与材料导热系数的定量关系，含湿多孔建筑材料导热系数修正计算方法；（3）建材内部和表面热湿耦合迁移机理，湿迁移对室内热环境及冷热负荷的影响关系。希望上述内容对于建筑室内空气质量分析、建筑节能和暖通系统设计及运行能够提供一些借鉴。

本专著相关研究得到"十三五"国家重点研发计划（2016YFC0700400）的资助，还受到国家自然科学基金重大项目"极端热湿气候区超低能耗建筑研究"（51590910）和国家自然科学基金项目（51508443、51678468）等支持。此外，本著作成果相关实验研究大多是在省部共建西部绿色建筑国家重点实验室中完成。在此对这些科研项目和实验机构致以最诚挚的感谢。

特别感谢刘加平院士为本书作序，是他引领作者进入建筑节能领域，在建筑热质传递方面多次给予点拨与鼓励，才使得作者真正领略到科学研究的乐趣和魅力。本专著大量的现场调研、实验测试及分析计算均是课题组历届研究生们的积极贡献、辛勤付出而成，他们是博士研究生宋聪、蒋婧、陈耀文、周勇，硕士研究生姜超、康文俊等，是他们与作者在建筑热质传递领域的多年共同努力与坚持，方才形成此部专著。最后，感谢课题组刘艳峰教授、王登甲教授对本专著撰写过程中提出的诸多宝贵意见。

由于著者学术和水平有限，书中不妥之处在所难免，肯请读者指正！

目　　录

第1章　热质传递过程基础理论 …………………………………………………………… 1

　1.1　建筑材料基本结构参数 …………………………………………………………… 1

　　1.1.1　孔隙率 …………………………………………………………………………… 1

　　1.1.2　比表面积 ………………………………………………………………………… 1

　　1.1.3　迂曲度 …………………………………………………………………………… 2

　　1.1.4　固体颗粒尺寸 …………………………………………………………………… 2

　　1.1.5　孔隙尺寸 ………………………………………………………………………… 2

　1.2　传热过程 …………………………………………………………………………… 2

　　1.2.1　过程描述 ………………………………………………………………………… 3

　　1.2.2　基本定律 ………………………………………………………………………… 5

　　1.2.3　物性参数 ………………………………………………………………………… 5

　1.3　传质过程 …………………………………………………………………………… 9

　　1.3.1　过程描述 ………………………………………………………………………… 9

　　1.3.2　基本定律 ……………………………………………………………………… 12

　　1.3.3　物性参数 ……………………………………………………………………… 13

　1.4　热质耦合传递过程 ………………………………………………………………… 18

　　1.4.1　Philip 和 De Vries 理论 ……………………………………………………… 18

　　1.4.2　Luikov 热湿耦合控制方程 …………………………………………………… 19

　　1.4.3　Whitaker 理论 ………………………………………………………………… 20

　本章参考文献 …………………………………………………………………………… 20

第2章　建材界面气固两相分配机理 …………………………………………………… 22

　2.1　概述 ………………………………………………………………………………… 22

　2.2　分离系数双尺度预测模型 ………………………………………………………… 22

　　2.2.1　多孔介质中气体分子吸附机理 ……………………………………………… 22

　　2.2.2　微观孔分离系数预测模型 …………………………………………………… 23

　　2.2.3　宏-介观孔分离系数预测模型 ……………………………………………… 25

　　2.2.4　多孔介质传质模型的等效分离系数 ………………………………………… 25

　2.3　初始可散发浓度差异化分布预测模型 …………………………………………… 25

　　2.3.1　孔隙表面吸附质分子脱附机理 ……………………………………………… 25

　　2.3.2　多孔建材吸附势能的非均匀分布特性 ……………………………………… 26

　　2.3.3　初始可散发浓度差异化分布解析式 ………………………………………… 27

　2.4　环境舱实验测定与结果分析 ……………………………………………………… 29

　　2.4.1　连续温升多气固比法原理‥‥‥‥‥‥‥‥‥‥‥‥‥‥‥‥‥‥‥　29
　　2.4.2　连续温升多气固比法实验结果‥‥‥‥‥‥‥‥‥‥‥‥‥‥‥‥　30
　　2.4.3　分离系数预测模型验证‥‥‥‥‥‥‥‥‥‥‥‥‥‥‥‥‥‥‥　34
　　2.4.4　初始可散发浓度预测模型验证‥‥‥‥‥‥‥‥‥‥‥‥‥‥‥　35
　　2.4.5　同系物间参数的推导预测‥‥‥‥‥‥‥‥‥‥‥‥‥‥‥‥‥　40
　本章参考文献‥‥‥‥‥‥‥‥‥‥‥‥‥‥‥‥‥‥‥‥‥‥‥‥‥‥‥‥‥　43
第3章　建材内部气体扩散传质特性‥‥‥‥‥‥‥‥‥‥‥‥‥‥‥‥‥‥‥　45
　3.1　概述‥‥‥‥‥‥‥‥‥‥‥‥‥‥‥‥‥‥‥‥‥‥‥‥‥‥‥‥‥‥　45
　3.2　建材孔隙结构剖析及扩散系数物理模型‥‥‥‥‥‥‥‥‥‥‥‥‥‥　45
　　3.2.1　建材孔隙结构及气体传质路径‥‥‥‥‥‥‥‥‥‥‥‥‥‥‥　45
　　3.2.2　多级串联宏观分形毛细管束模型‥‥‥‥‥‥‥‥‥‥‥‥‥‥　47
　　3.2.3　简化物理模型‥‥‥‥‥‥‥‥‥‥‥‥‥‥‥‥‥‥‥‥‥‥‥　49
　3.3　扩散系数的分形分析与数学表征‥‥‥‥‥‥‥‥‥‥‥‥‥‥‥‥‥　49
　　3.3.1　预测有效扩散系数的 MSFC 模型‥‥‥‥‥‥‥‥‥‥‥‥‥‥　49
　　3.3.2　多孔介质传质解析模型‥‥‥‥‥‥‥‥‥‥‥‥‥‥‥‥‥‥‥　51
　3.4　孔隙结构测定及模型预测精度分析‥‥‥‥‥‥‥‥‥‥‥‥‥‥‥‥　52
　　3.4.1　建材孔隙结构测定与分析‥‥‥‥‥‥‥‥‥‥‥‥‥‥‥‥‥　52
　　3.4.2　MSFC 模型验证与对比‥‥‥‥‥‥‥‥‥‥‥‥‥‥‥‥‥‥‥　56
　3.5　建材内气体传质影响因素分析‥‥‥‥‥‥‥‥‥‥‥‥‥‥‥‥‥‥　58
　　3.5.1　散发关键参数敏感性分析‥‥‥‥‥‥‥‥‥‥‥‥‥‥‥‥‥　58
　　3.5.2　温度对传质的影响‥‥‥‥‥‥‥‥‥‥‥‥‥‥‥‥‥‥‥‥‥　62
　　3.5.3　孔隙结构对传质的影响‥‥‥‥‥‥‥‥‥‥‥‥‥‥‥‥‥‥‥　66
　　3.5.4　气体属性对传质的影响‥‥‥‥‥‥‥‥‥‥‥‥‥‥‥‥‥‥‥　68
　本章参考文献‥‥‥‥‥‥‥‥‥‥‥‥‥‥‥‥‥‥‥‥‥‥‥‥‥‥‥‥‥　70
第4章　静态湿分布对多孔建筑材料导热过程的影响‥‥‥‥‥‥‥‥‥‥‥　72
　4.1　概述‥‥‥‥‥‥‥‥‥‥‥‥‥‥‥‥‥‥‥‥‥‥‥‥‥‥‥‥‥‥　72
　4.2　多孔建筑材料孔隙结构及湿分形态‥‥‥‥‥‥‥‥‥‥‥‥‥‥‥‥　72
　　4.2.1　建筑材料孔径分布和孔隙率‥‥‥‥‥‥‥‥‥‥‥‥‥‥‥‥　72
　　4.2.2　建筑材料内部湿分形态‥‥‥‥‥‥‥‥‥‥‥‥‥‥‥‥‥‥‥　76
　4.3　静态湿分布多孔建筑材料导热过程‥‥‥‥‥‥‥‥‥‥‥‥‥‥‥‥　77
　　4.3.1　材料内部液气空间替换导热物理模型‥‥‥‥‥‥‥‥‥‥‥‥　77
　　4.3.2　固液气共存多孔材料导热分形分析‥‥‥‥‥‥‥‥‥‥‥‥‥　78
　4.4　静态湿分布建筑材料导热系数实验分析‥‥‥‥‥‥‥‥‥‥‥‥‥‥　81
　　4.4.1　实验方案‥‥‥‥‥‥‥‥‥‥‥‥‥‥‥‥‥‥‥‥‥‥‥‥‥‥　81
　　4.4.2　实验结果与分析‥‥‥‥‥‥‥‥‥‥‥‥‥‥‥‥‥‥‥‥‥‥　84
　　4.4.3　建筑材料导热系数计算模型验证‥‥‥‥‥‥‥‥‥‥‥‥‥‥　86
　4.5　静态湿分布多孔材料导热系数影响因素分析‥‥‥‥‥‥‥‥‥‥‥‥　90
　　4.5.1　孔隙率和孔径分布‥‥‥‥‥‥‥‥‥‥‥‥‥‥‥‥‥‥‥‥‥　90
　　4.5.2　含湿量‥‥‥‥‥‥‥‥‥‥‥‥‥‥‥‥‥‥‥‥‥‥‥‥‥‥‥　92

    4.5.3　分形结构参数 ··· 93
  本章参考文献 ··· 95

第5章　动态湿迁移对多孔建筑材料导热过程的影响 ······················ 97
  5.1　概述 ··· 97
  5.2　多孔材料热湿耦合传递数学模型 ··· 97
    5.2.1　材料内部无湿相变 ··· 97
    5.2.2　材料内部有湿相变 ·· 101
  5.3　湿迁移和湿相变引起的附加导热 ·· 103
    5.3.1　湿迁移引起的附加导热系数 ··· 103
    5.3.2　湿相变引起的附加导热系数 ··· 104
  5.4　动态湿迁移与湿相变的影响因素 ·· 104
    5.4.1　热湿耦合传递相关参数分析 ··· 105
    5.4.2　材料内部无湿相变 ·· 106
    5.4.3　材料内部有湿相变 ·· 111
  5.5　动静湿分对建材导热系数的综合影响 ··· 116
  本章参考文献 ·· 118

第6章　整体建筑热湿耦合迁移过程分析 ··· 119
  6.1　概述 ·· 119
  6.2　建筑热湿耦合传递数学控制方程 ·· 119
    6.2.1　墙体热湿耦合迁移数学模型 ··· 119
    6.2.2　室内空气热湿平衡方程 ·· 125
  6.3　墙体传湿对传热的影响分析 ··· 127
    6.3.1　定常边界条件下传湿对内表面温度及热流的定量影响关系 ········ 127
    6.3.2　周期性边界条件下传湿对内表面温度的定量影响关系 ············· 131
  6.4　地表面热湿迁移过程的实验分析 ·· 134
    6.4.1　实验介绍 ·· 134
    6.4.2　不同影响因素下地表面温湿度变化 ······································ 139
  本章参考文献 ·· 145

第7章　围护结构传湿对室内热环境及空调负荷的影响 ······················ 147
  7.1　概述 ·· 147
  7.2　新建建筑墙体含湿量衰减特性及因素分析 ···································· 147
    7.2.1　新建建筑墙体含湿量衰减特性 ··· 147
    7.2.2　新建建筑墙体含湿量衰减因素分析 ······································ 148
  7.3　墙体传湿对内表面温度的影响 ··· 152
  7.4　传湿对室内热环境的影响 ·· 155
    7.4.1　墙体传湿对室内温湿度的影响 ··· 155
    7.4.2　建筑室内热湿环境测试 ·· 158
  7.5　湿迁移对湿热湿冷地区室内热环境及空调负荷的影响分析 ················ 163
    7.5.1　湿迁移对湿热地区室内热环境及空调负荷的影响分析 ·············· 163

  7.5.2 湿迁移对湿冷地区室内热环境及空调负荷的定量影响分析 ·················· 165

 7.6 湿迁移对干热干冷地区室内热环境及空调负荷的定量影响分析 ··········· 168

  7.6.1 湿迁移对干热地区室内热环境及空调负荷的定量影响分析 ·············· 168

  7.6.2 湿迁移对干冷地区室内热环境及空调负荷的定量影响分析 ·············· 169

 7.7 考虑湿迁移时夜间通风换气次数对室内热环境及负荷的影响分析 ·········· 172

附录·· 177

 附录 1 二元系的扩散系数 ··· 177

 附录 2 根据伦纳德-琼斯势函数确定 Ω_D 值 ·································· 178

 附录 3 由黏度数据确定的伦纳德-琼斯势参数 σ 和 ε/k ················· 178

第1章 热质传递过程基础理论

1.1 建筑材料基本结构参数[1-3]

在研究建筑材料传热传质问题中，经常涉及一些基本结构参数和基本性能参数，现分别阐述如下。

1.1.1 孔隙率

孔隙率是指块状材料中孔隙体积与材料在自然状态下总体积的百分比，也被称为空隙率，其表达式为：

$$\phi = \frac{V_{孔隙}}{V_{材料}} \times 100\% = \frac{V_P}{V_B} \times 100\% \tag{1-1}$$

孔隙率可分为两种：材料内相互连通的微小孔隙的总体积与该材料的外表体积的比值称有效孔隙率，以 ϕ_e 表示；材料内相通的和不相通的所有微小孔隙的总体积与该材料的外表体积的比值称绝对孔隙率或总孔隙率，以 ϕ_T 表示。所谓孔隙率，通常是指有效孔隙率，但为书写方便，一般直接以 ϕ 表示。

孔隙率与材料固体颗粒的形状、结构和排列有关。在常见的非生物材料中，鞍形填料和玻璃纤维等的孔隙率最大，达 $83\% \sim 93\%$；煤、混凝土、石灰石和白云石等的孔隙率最小，可低至 $2\% \sim 4\%$，地下砂岩的孔隙率大多为 $12\% \sim 30\%$，土壤的孔隙率为 $43\% \sim 54\%$，砖的孔隙率为 $12\% \sim 34\%$，皮革的孔隙率为 $56\% \sim 59\%$，均属中等数值；动物的肾、肺、肝等脏器的血管系统的孔隙率亦为中等数值。

孔隙率是影响材料内流体传输性能的重要参数。

1.1.2 比表面积

比表面积定义为固体骨架总表面积 A_s 与材料总容积 V 之比，即

$$\Omega = \frac{A_s}{V} \tag{1-2}$$

式中 Ω——多孔体比面，cm^2/cm^3 或 $1/cm$；

       A_s——多孔体面积或多孔体孔隙的总内表面积，cm^2；

       V——多孔体外表体积（或视体积），cm^3。

材料的比表面积定义也可以理解为材料单位总体积中孔隙的隙间表面积。举例来说，由半径为 R 的等圆球按立方体排列所组成的多孔介质，其比表面积应为 $\Omega = 8 \times 4\pi R^2 / (4R)^3 = \pi/2R$。由此可知，$R$ 越小，Ω 越大，即固体颗粒越小，比表面积越大。因此，细颗粒物质的比表面积显然要比粗粒物质的比表面积大得多，如砂岩（粒径为 $1 \sim 0.25mm$）的比表面积小于 $950cm^2/cm^3$；细砂岩（粒径为 $0.25 \sim 0.1m$）的比表面积为 $950 \sim 2300cm^2/cm^3$；泥砂岩（粒径为 $0.1 \sim 0.01mm$）的比表面积大于 $2300cm^2/cm^3$。很明显，

细粒构成的材料的比表面积远大于粗粒材料，也就是说，多孔比表面积越大，其骨架的分散程度越大，颗粒越细。

比表面积无论对于多孔介质的传热还是传质过程，都是十分重要的结构参数。它也是与材料的流体传导性（即渗透率）有关的一个重要参数。

1.1.3 迂曲度

一般来说，材料内部空隙连通通道是弯曲的。显然，其弯曲程度将对材料的热质传递过程产生影响。对材料的这一结构用迂曲度 τ 表示为：

$$\tau = \left(\frac{L}{L_e}\right)^2 \tag{1-3}$$

式中 L_e、L——分别为弯曲通道真实长度与连接弯曲通道两端的直线长度。

按此定义，τ 必小于 1，但也有文献将其定义为：

$$\tau' = \left(\frac{L_e}{L}\right)^2 \tag{1-4}$$

显然，此时 τ' 必大于 1。

上述结构参数均与多孔固体颗粒尺寸及其分布、孔隙尺寸及其分布有关，故也常把固体颗粒与孔隙尺寸及其分布列为基本结构参数，现简介如下：

1.1.4 固体颗粒尺寸

多孔介质固体颗粒尺寸、形状、大小通常是多种多样的，因此准确地确定固体颗粒尺寸是相当困难的。在工程应用上，往往要通过实际测量来确定。于是，颗粒尺寸又取决于采用的测量方法。目前主要有两种计量方法：其一是比重计分析法：也就是将与颗粒在水中的下降速度相同的同种材料圆球尺寸加以测量来确定，这种方法适用于较小颗粒的测量；其二是筛选法，即利用不同尺寸方形孔网筛子过筛，其所测量的是能够通过筛网的一批颗粒（这种方法只能大致上确定颗粒尺寸的一个范围），最后以网眼尺寸为当量直径去表述颗粒尺寸。总之，无论采用何种测量方法，都是将颗粒折算成圆球的当量直径 d_p 来表示的。

1.1.5 孔隙尺寸

一般来说，孔隙尺寸是需要进行统计说明的，而其孔径尺寸与分布则往往是通过实测来确定的。其中，常见的一种方法是根据多孔体的剖面切片进行统计，也可用非润湿流体注入多孔体的实测方法确定，即

$$d_0 = 4\sigma\cos\theta / p_c \tag{1-5}$$

式中 σ——表面张力，N；

θ——接触角，°；

p_c——使非润湿流体进入孔隙所需压力，Pa。

1.2 传热过程

对建筑材料的传热过程分析可知，其传热过程包括固体骨架（颗粒）之间互相接触及空隙中流体的导热过程；空隙中流体的对流换热（可为强迫对流，也可为自然对流，还可以是两者并存的混合对流，同时包括液体沸腾、蒸发及蒸汽凝结等相变换热）；固体骨架

（颗粒）或者气体间的辐射换热。大量实验研究和理论分析结果表明，对颗粒直径不超过 $4\sim6\mathrm{mm}$ 的材料，在 $Gr \cdot Pr < 10^3$ 时，其空隙中流体的对流换热可忽略不计，在固体颗粒之间温差较大，空隙为真空或者由气体占据时，辐射换热才比较明显。针对建筑材料的传热过程，主要讨论导热过程的影响。

1.2.1 过程描述

1. 导热过程

从导热物体中任意取出一个微元平行六面体来做该微元体能量平衡分析（见图1-1）。设物体中有内热源，其值为 $\dot{\Phi}$，它代表单位时间内单位体积中产生或消耗的热能（产生取正号，消耗为负号），单位是 $\mathrm{W/m^3}$。假定导热物体的热物理性质是温度的函数。

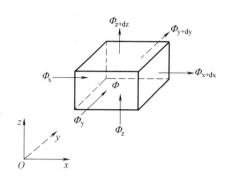

图 1-1　微元体的导热热平衡分析

与空间任一点的热流密度矢量可以分解为三个坐标方向的分量一样，任一方向的热流量也可以分解成 x、y、z 坐标轴方向的分热流量，如图1-1中 Φ_x、Φ_y、及 Φ_z 所示。通过 $x=x$、$y=y$、$z=z$ 三个微元表面导入微元体的热流量可根据傅里叶定律写出

$$\begin{cases} (\Phi_x)_x = -\lambda \left(\dfrac{\partial t}{\partial x} \right)_x \mathrm{d}y\mathrm{d}z \\[2mm] (\Phi_y)_y = -\lambda \left(\dfrac{\partial t}{\partial y} \right)_y \mathrm{d}x\mathrm{d}z \\[2mm] (\Phi_z)_z = -\lambda \left(\dfrac{\partial t}{\partial z} \right)_z \mathrm{d}x\mathrm{d}y \end{cases} \tag{a}$$

式中，$(\Phi_x)_x$ 表示热流量在 x 方向的分量 Φ_x 在 x 点的值，其余类推。通过 $x=x+\mathrm{d}x$、$y=y+\mathrm{d}y$、$z=z+\mathrm{d}z$ 三个表面导出微元体的热流量，亦可按傅里叶定律写出

$$\begin{cases} (\Phi_x)_{x+\mathrm{d}x} = (\Phi_x)_x + \dfrac{\partial \Phi_x}{\partial x}\mathrm{d}x = (\Phi_x)_x + \dfrac{\partial}{\partial x}\left[-\lambda \left(\dfrac{\partial t}{\partial x} \right)_x \mathrm{d}y\mathrm{d}z \right]\mathrm{d}x \\[3mm] (\Phi_y)_{y+\mathrm{d}y} = (\Phi_y)_y + \dfrac{\partial \Phi_y}{\partial y}\mathrm{d}y = (\Phi_y)_y + \dfrac{\partial}{\partial y}\left[-\lambda \left(\dfrac{\partial t}{\partial y} \right)_y \mathrm{d}x\mathrm{d}z \right]\mathrm{d}y \\[3mm] (\Phi_z)_{z+\mathrm{d}z} = (\Phi_z)_z + \dfrac{\partial \Phi_z}{\partial z}\mathrm{d}z = (\Phi_z)_z + \dfrac{\partial}{\partial z}\left[-\lambda \left(\dfrac{\partial t}{\partial z} \right)_z \mathrm{d}x\mathrm{d}y \right]\mathrm{d}z \end{cases} \tag{b}$$

对于微元体，按照能量守恒定律，在任一时间间隔内有以下平衡关系：

导入微元体的总热流量＋微元体内热源的生成热＝导出微元体的总热流量＋

微元体热力能（即内能）的增量 (c)

其中，其他两项的表达式为

微源体热力学能的增量 $= \rho c \dfrac{\partial t}{\partial \tau}\mathrm{d}x\mathrm{d}y\mathrm{d}z \tag{d}$

微源体内热源的生成热 $= \dot{\Phi}\mathrm{d}x\mathrm{d}y\mathrm{d}z \tag{e}$

式中，ρ、c、Φ 及 τ 分别为微元体的密度、比热容、单位时间内单位体积中内热源的生成热及时间。

将式（a）、（b）、（d）及（e）代入（c）中，经整理得

$$\rho c \frac{\partial t}{\partial \tau} = \frac{\partial}{\partial x}\left(\lambda \frac{\partial t}{\partial x}\right) + \frac{\partial}{\partial y}\left(\lambda \frac{\partial t}{\partial y}\right) + \frac{\partial}{\partial z}\left(\lambda \frac{\partial t}{\partial z}\right) + \dot{\Phi} \qquad (1\text{-}6)$$

这是笛卡儿坐标系（Cartesian coordinates）中三维非稳态导热方程的一般形式，其中 ρ、c、λ 及 Φ 均可以是变量。现在针对一系列具体情形来导出式（1-6）的相应简化形式。

（1）若导热系数为常数，此时式（1-6）化为

$$\frac{\partial t}{\partial \tau} = a\left(\frac{\partial^2 t}{\partial x^2} + \frac{\partial^2 t}{\partial y^2} + \frac{\partial^2 t}{\partial z^2}\right) + \frac{\dot{\Phi}}{\rho c} \qquad (1\text{-}7)$$

式中，$a = \lambda/(\rho c)$ 称为热扩散率或热扩散系数。

（2）若导热系数为常数、无内热源，此时式（1-7）可改写为

$$\frac{\partial t}{\partial \tau} = a\left(\frac{\partial^2 t}{\partial x^2} + \frac{\partial^2 t}{\partial y^2} + \frac{\partial^2 t}{\partial z^2}\right) \qquad (1\text{-}8)$$

这就是常物性、无内热源的三维非稳态导热微分方程。

（3）若常物性、稳态，此时式（1-8）可改写为

$$\frac{\partial^2 t}{\partial x^2} + \frac{\partial^2 t}{\partial y^2} + \frac{\partial^2 t}{\partial z^2} + \frac{\dot{\Phi}}{\lambda} = 0 \qquad (1\text{-}9)$$

数学上，式（1-9）称为泊松（Poisson）方程，是常物性、稳态、三维且有内热源问题的温度场控制方程式。

（4）若常物性、无内热源、稳态，这时式（1-6）简化成为拉普拉斯（Laplace）方程：

$$\frac{\partial^2 t}{\partial x^2} + \frac{\partial^2 t}{\partial y^2} + \frac{\partial^2 t}{\partial z^2} = 0 \qquad (1\text{-}10)$$

2. 对流换热过程

流体与固体壁面直接接触时所发生的热量传递过程，称为对流换热，它的基本计算公式为牛顿冷却公式：

$$q = h(t_w - t_f) \qquad (1\text{-}11)$$

对流换热可为强迫对流，又可为自然对流，还可以是二者并存的混合对流，同时包括液体沸腾、蒸发及蒸汽凝结等相变换热。

对流换热微分方程式：设壁面 x 处的局部表面传热系数为 h_x，则

$$q_x = h_x(t_w - t_f)_x = h_x g \Delta t_x \qquad (1\text{-}12)$$

式（1-12）称为对流换热过程微分方程式。根据不同的换热边界条件确定流体的温度场、温度梯度 $\left(\frac{\partial t}{\partial y}\right)_{w,x}$ 即为分析求解和数值求解的目的。对流换热问题的边界条件有两类：第一类为壁面边界条件，即壁温已知，待求的是壁面法向流体的温度梯度 $\left(\frac{\partial t}{\partial y}\right)_w$；第二类为热流边界条件，即已知壁面热流密度 q。但无论任何边界条件，都必须求出流体内温度分布，即温度场。

自然对流运动微分方程式：

$$u\frac{\partial u}{\partial x} + v\frac{\partial u}{\partial y} = \nu\frac{\partial^2 u}{\partial y^2} + g\alpha\Delta t \qquad (1\text{-}13)$$

4

3. 辐射换热过程

热辐射依靠物理表面对外发射可见和不可见的射线（电磁波，或者说光子）传递热量。物体表面单位时间、单位面积对外辐射的热量称为辐射力，用 E 表示，它的单位通常是 $J/(m^2 \cdot s)$ 或 W/m^2，其大小与物体表面性质及温度有关。对于黑体，理论和实践证实，它的辐射力 E_b 符合斯蒂芬—玻尔茨蔓定律。

1.2.2 基本定律

1. 傅里叶定律

傅里叶定律是导热过程中一个重要的唯象定律，该定律描述通过物体的热流密度 q 与物体内部温度梯度 $\dfrac{\partial T}{\partial x}$ 之间的关系，即

$$q = -\lambda \frac{\partial T}{\partial x} \tag{1-14}$$

式中 λ——导热系数；

$\dfrac{\partial T}{\partial x}$——沿最大热流密度传递方向 x 的温度梯度；

负号——热量传递的方向，指向温度降低的方向。

当物体的温度是三个坐标的函数时，三个坐标方向上的单位矢量与该方向上热流密度分量的乘积合成一个热流密度矢量，记为 q。傅里叶定律的一般形式的数学表达式是对热流密度矢量写出的，其形式为

$$q = -\lambda \mathbf{grad}t = -\lambda \frac{\partial t}{\partial n}\boldsymbol{n} \tag{1-15}$$

式中 $\mathbf{grad}t$——空间某点的温度梯度；

$\boldsymbol{n}$——通过该点的等温线上的法向单位矢量，指向温度升高的方向；

q——该处的热流密度矢量。

2. 斯蒂芬—玻尔茨蔓定律

$$E_b = \sigma_b T^4 = C_b \left(\frac{T}{100}\right)^4 \quad W/m^2 \tag{1-16}$$

式中，$\sigma_b = 5.67 \times 10^{-8} W/(m^2 \cdot K)$，称为黑体辐射常数；$C_b = 5.67 W/(m^2 \cdot K)$，称为黑体辐射系数。

一切实际物体的辐射力都低于同温度下黑体辐射力，后者等于

$$E = \varepsilon\sigma T^4 = \varepsilon C\left(\frac{T}{100}\right)^4 \quad W/m^2 \tag{1-17}$$

式中，ε 为实际物体表面的发射率，也称黑度，其值在 $0 \sim 1$ 之间。

1.2.3 物性参数

1. 导热系数

定义为在单位温度降度单位时间内通过单位面积的导热量。

$$\lambda = \frac{QL}{A\Delta T} \tag{1-18}$$

式中 Q——热流，W/m^2；

L——样本厚度，m；

ΔT——温差，K。

物质的导热系数不但因物质的种类而异，还与物质的温度、压力等因素有关。导热是在温度不同的物体各部分之间进行，所以温度的影响尤为重要。许多工程材料在一定温度范围内，导热系数可以认为是温度的线性函数，即

$$\lambda = \lambda_0(1 + bt) \tag{1-19}$$

式中　λ_0——某个参考温度的导热系数；

　　　b——由实验确定的常数。

不同物质导热系数的差异是由于物质构造上的差别以及导热的机理不同所致。为了更全面地了解各种因素，下面分别对气体、液体和固体的导热系数分情况分析讨论。

（1）气体的导热系数

气体的导热系数的数值在 $0.006\sim0.6\text{W}/(\text{m}\cdot\text{K})$ 范围内。气体的导热是由于分子的热运动和相互碰撞时所发生的能量传递。根据气体分子运动理论，在常温常压下，气体的导热系数可以表示为：

$$\lambda = \frac{1}{3}\bar{u}l\rho c_v \tag{1-20}$$

式中　$\bar{u}$——气体分子运动的平均速度；

　　　l——气体分子在两次碰撞间的平均自由行程；

　　　ρ——气体的密度；

　　　c_v——气体的定容比热容。

当气体的压力升高时，气体的密度也增大，自由行程 l 则减少，而乘积 ρl 保持常数。因而，除非压力很低（小于 $2.67\times10^{-3}\text{MPa}$）或压力很高（大于 $2.67\times10^{-3}\text{MPa}$），可以认为气体的导热系数不随压力发生变化。

图 1-2 给出了几种气体的导热系数随温度变化的实测数据。由图可知，气体的导热系数随温度的升高而增大，这是因为气体分子运动的平均速度和定容比热容均随温度的升高而增大所致。气体中氢和氦的导热系数远高于其他气体，大 $4\sim9$ 倍，参见图 1-3，这一点可以从它们的分子质量很小，因而有较高的平均速度得到解释。在常温下，空气的导热系数约为 $0.025\text{W}/(\text{m}\cdot\text{K})$，房屋双层玻璃窗中的空气夹层，就是利用空气的低导热性能起到减小散热的作用。

混合气体的导热系数不能像比热容那样简单地用部分求和的方法来确定，科学家们提出了若干种计算方案，但归根结底，必须用实验方法确定。

（2）液体的导热系数

液体的导热系数的数值在 $0.77\sim$

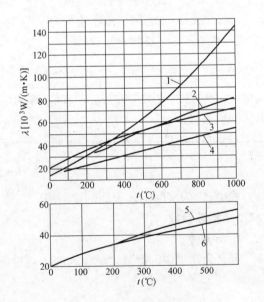

图 1-2　气体的导热系数

1—水蒸气；2—二氧化碳；3—空气；

4—氩；5—氧；6—氮

0.7W/(m·K) 范围内。液体的导热主要是依靠晶格的振动来实现。应用这一概念来解释不同液体的实验数据，其中大多数都得到了很好的证实，据此得到液体的导热系数的经验公式：

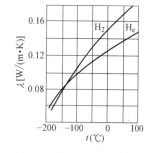

图 1-3　氢和氦的导热系数

$$\lambda = A\frac{c_{\mathrm{p}}\rho^{\frac{4}{3}}}{M^{\frac{1}{3}}} \tag{1-21}$$

式中　c_{p}——液体的定压比热容；

ρ——液体的密度；

M——液体的分子量。

系数 A 与晶格振动在液体中传播速度成正比，它与液体的性质无关，但与温度有关。

一般情况下可认为 $Ac_{\mathrm{p}}\approx$const。对于非缔合液体或弱缔合液体，其分子量是不变的，由式（1-21）可以看出，当温度升高时，由于液体密度的减小，导热系数是下降的。对于强缔合液体，例如水和甘油等，它们的分子量是变化的，而且随温度而变化。因此，在不同的温度时，它们的导热系数随温度变化的规律是不一样的。图 1-4 给出了一些液体导热系数随温度的变化。

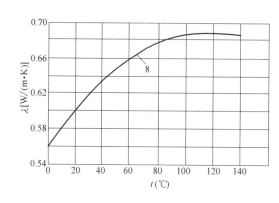
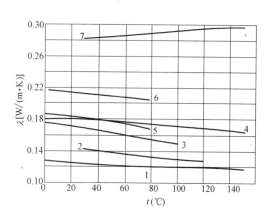

图 1-4　液体的导热系数

1—凡士林油；2—苯；3—丙酮；4—蓖麻油；5—乙醇；6—甲醛；7—甘油；8—水

（3）固体多孔材料导热系数

在多孔材料中，填充孔隙的气体，例如空气，具有低的导热系数，所以良好的保温材料都是孔隙多，相应体积质量（习惯上简称"密度"）轻的材料。根据这一特点，除了利用天然材料，例如石棉等外，还可以人为地增加材料的孔隙，以提高保温能力，例如微孔硅酸钙、泡沫塑料和加气混凝土等。但是，密度低到一定程度后，小的孔隙连成沟道或者孔隙较大，这时引起孔隙内的空气对流作用加强，反而会使表观导热系数升高。

多孔材料的导热系数受湿度的影响很大。由于水分的渗入，替代了相当一部分空气，而且更主要的是水分将从高温区向低温区迁移进而传递能量。因此，湿材料的导热系数比干材料和水都要大。例如，干砖的导热系数为 0.35W/(m·K)，水的导热系数 0.6W/(m·K)，而湿砖的导热系数可高达 1.0W/(m·K) 左右。所以对建筑的围护结构，特别是冷、热设备的保温层，都应采取防潮措施。

前已述及，分析材料的导热性能时，还应区分各向同性材料和各向异性材料。例如木材，沿不同方向的导热系数是不同的，木材沿纤维方向导热系数的数值可比垂直纤维方向的数值高一倍，这种材料称为各向异性材料。用纤维、树脂等增强、粘合的复合材料也是各向异性材料。本书在以后的分析讨论中，都只限于各向同性材料。

导热系数不但因物质的种类而异，还和温度、湿度等有关。建筑材料的导热系数随温度的升高而增加，随含湿量的升高而降低。温度对建筑材料的导热系数影响较小，可忽略该影响；而含湿量对导热系数的影响则很明显。建筑材料的导热系数与含湿量之间的关系为：

$$\lambda(w) = \lambda_w + (\lambda_d - \lambda_w) \frac{w_{sat} - w}{w_{sat}} \tag{1-22}$$

式中 λ_w——湿材料的导热系数，$W/(m \cdot K)$；

λ_d——干材料的导热系数，$W/(m \cdot K)$；

w_{sat}——材料的饱和含湿量，kg/m^3；

w——材料含湿量，kg/m^3。

2. 比热容

比热容的定义为：单位物质的物量，温度升高或降低 1K（1℃）所吸收或放出的热量，即

$$c = \frac{\delta q}{\delta T} \tag{1-23}$$

比热容的单位取决于热量单位和物体单位。对固体、液态而言，物量单位常用质量单位（kg），对于气体除质量单位外，还常用标准体积（m^3）和千摩尔（kmol）作单位。因此，相应有质量比热容、体积比热容和摩尔比热容。

质量比热容：符号用 c 表示，单位为 $kJ/(kg \cdot K)$；

体积比热容：符号用 c' 表示，单位为 $kJ/(m^3 \cdot K)$；

摩尔比热容：符号用 Mc 表示，单位为 $kJ/(kmol \cdot K)$。

三种比热容的换算关系如下：

$$c' = \frac{Mc}{22.4} = c\rho_0 \tag{1-24}$$

式中 ρ_0——气体在标准状态下的密度，kg/m^3；

M——气体的 kmol 质量（数量等于分子量），$kJ/kmol$。

比热容是重要的物性参数，它不仅取决于物质的性质，还与气体的热力过程及所处状态有关。

3. 热扩散率

热扩散率的定义：

$$a = \lambda/(\rho c) \tag{1-25}$$

在物体受热升温的非稳态导热过程中，进入物体的热量沿途不断地被吸收而使当地温度升高，此过程持续到物体内部各点温度全部扯平为止。以物体受热升温的情况为例来作分析，可知：

（1）分子 λ 是物体的导热系数，λ 越大，在相同的温度梯度下可以传导更多的热量。

（2）分母 ρc 是单位体积的物体温度升高 1℃所需的热量，ρc 越小，温度上升 1℃所吸收的热量越少，可以剩下更多的热量继续向物体内部传递，能使物体内各点的温度更快地随界面温度的升高而升高。

热扩散率 a 是 λ 与 $1/(\rho c)$ 两个因子的结合。a 越大，表示物体内部温度扯平的能力越大，因而有热扩散率的名称。这种物理上的意义还可以从另一个角度来加以说明，即从温度的角度看，a 越大，材料中温度变化传播得越迅速。可见 a 也是材料传播温度变化能力大小的指标，并因此有导温系数之称。

4. 对流换热系数

对流换热系数的意义是指单位面积上，当流体同壁之间为单位温差，在单位时间内所能传递的热量，单位为 $J/(m^2 \cdot s \cdot K)$ 或 $W/(m^2 \cdot K)$。表达了对流换热过程的强弱。

$$h_x = -\frac{\lambda}{\Delta t_x}\left(\frac{\partial t}{\partial y}\right)_{w,x} \tag{1-26}$$

式（1-26）表述了表面换热系数与流体温度场的关系，因此，如果已知壁面温度 x 处的温度和温度场，表面传热系数 h_x 就确定了。

1.3 传质过程

1.3.1 过程描述

正如热力学第一定律（能量守恒定律）在传热分析中所起的重要作用一样，质量守恒定律在质量传递分析中的作用也非常重要。传热学中热传导方程是由能量方程和傅立叶定律推导得到的。与此类似，组分扩散方程由质量守恒和菲克定律得到。材料传质过程包括两个方面，分子扩散和对流传质。

1. 扩散传质过程

由于流体分子的无规则随机运动或者固体微观粒子的运动而引起的质量传递，它与热量传递中的导热机理相对应。

对混合物中的任意一控制体（见图 1-5），设进入、流出控制体的物质 A 的质量流量分别为 $\dot{m}_{A,in}$，$\dot{m}_{A,out}$，

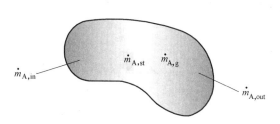

图 1-5 控制体示意图

控制体内物质 A 的质量产生率为 $\dot{m}_{A,g}$，可得质量守恒方程为：

$$\dot{m}_{A,in} - \dot{m}_{A,out} + \dot{m}_{A,g} = \dot{m}_{A,st} \tag{1-27}$$

$$\dot{m}_{A,in} - \dot{m}_{A,out} = \oiint_S \vec{n}_A \cdot (-\vec{dS}) = \iint_S (-\rho D_{AB} \nabla m_A) \cdot (-\vec{dS}) \tag{1-27a}$$

$$\dot{m}_{A,g} = \iiint_V \dot{n}_A dV \tag{1-27b}$$

$$\dot{m}_{A,st} = \iiint_V \frac{\partial \rho_A}{\partial t} dV \tag{1-27c}$$

式（1-27b）中，$\dot{n}_A$ 为单位体积控制体内组分 A 的质量产生率，单位为 kg/(m³·s)。

利用场论中的奥-高公式可得：

$$\oiint_A (\rho D_{AB} \nabla m_A) \cdot d\vec{S} = \iiint_V \nabla \cdot (\rho D_{AB} \nabla m_A) dV \tag{1-28}$$

将式（1-27a）、式（1-27b）、式（1-27c）和式（1-28）代入式（1-27），得：

$$\iiint_V \left[\nabla \cdot (\rho D_{AB} \cdot \nabla m_A) + \dot{n}_A - \frac{\partial \rho_A}{\partial t} \right] dV = 0 \tag{1-29}$$

考虑到式（1-29）应对任意控制体成立，故必有：

$$\nabla \cdot (\rho D_{AB} \nabla m_A) + \dot{n}_A = \frac{\partial \rho_A}{\partial t} \tag{1-30}$$

若用摩尔浓度表示，采用同样方法，可得：

$$\nabla \cdot (C D_{AB} \nabla x_A) + \dot{N}_A = \frac{\partial C_A}{\partial t} \tag{1-31}$$

式中 $\dot{N}_A$ 为单位体积内组分 A 的摩尔产生率，单位为 mol/(m³·s)。

上两式分别为质量和摩尔形式的组分扩散方程。此方程的推导并不依赖于某种坐标系，因此具有普适意义。将不同坐标系下 ∇ 算子的表达式代入，可得到相应的质量扩散方程。

（1）直角坐标系

$$\frac{\partial}{\partial x}\left(\rho D_{AB}\frac{\partial m_A}{\partial x}\right) + \frac{\partial}{\partial y}\left(\rho D_{AB}\frac{\partial m_A}{\partial y}\right) + \frac{\partial}{\partial z}\left(\rho D_{AB}\frac{\partial m_A}{\partial z}\right) + \dot{n}_A = \frac{\partial \rho_A}{\partial t} \tag{1-32}$$

或

$$\frac{\partial}{\partial x}\left(C D_{AB}\frac{\partial x_A}{\partial x}\right) + \frac{\partial}{\partial y}\left(C D_{AB}\frac{\partial x_A}{\partial y}\right) + \frac{\partial}{\partial z}\left(C D_{AB}\frac{\partial x_A}{\partial z}\right) + \dot{N}_A = \frac{\partial C_A}{\partial t} \tag{1-33}$$

当 ρ 和 D_{AB} 为常数时，式（1-32）可改写为：

$$\frac{\partial^2 \rho_A}{\partial x^2} + \frac{\partial^2 \rho_A}{\partial y^2} + \frac{\partial^2 \rho_A}{\partial z^2} + \frac{\dot{n}_A}{D_{AB}} = \frac{1}{D_{AB}}\frac{\partial \rho_A}{\partial t} \tag{1-34}$$

类似地，当 C 和 D_{AB} 为常数时，式（1-33）可改写为：

$$\frac{\partial^2 C_A}{\partial x^2} + \frac{\partial^2 C_A}{\partial y^2} + \frac{\partial^2 C_A}{\partial z^2} + \frac{\dot{N}_A}{D_{AB}} = \frac{1}{D_{AB}}\frac{\partial C_A}{\partial t} \tag{1-35}$$

对没有化学反应的情况，$\dot{n}_A$、$\dot{N}_A$ 项为 0。对稳态问题，$\frac{\partial C_A}{\partial t}$、$\frac{\partial \rho_A}{\partial t}$ 为 0。对一维或二维问题，也可做相应简化。

（2）圆柱坐标系

$$\frac{1}{r}\frac{\partial}{\partial r}\left(\rho D_{AB} r \frac{\partial m_A}{\partial r}\right) + \frac{1}{r^2}\frac{\partial}{\partial \phi}\left(\rho D_{AB}\frac{\partial m_A}{\partial \phi}\right) + \frac{\partial}{\partial z}\left(\rho D_{AB}\frac{\partial m_A}{\partial z}\right) + \dot{n}_A = \frac{\partial \rho_A}{\partial t} \tag{1-36}$$

或

$$\frac{1}{r}\frac{\partial}{\partial r}\left(C D_{AB} r \frac{\partial x_A}{\partial r}\right) + \frac{1}{r^2}\frac{\partial}{\partial \phi}\left(C D_{AB}\frac{\partial x_A}{\partial \phi}\right) + \frac{\partial}{\partial z}\left(C D_{AB}\frac{\partial x_A}{\partial z}\right) + \dot{N}_A = \frac{\partial C_A}{\partial t} \tag{1-37}$$

（3）球坐标系

$$\frac{1}{r^2}\frac{\partial}{\partial r}\left(\rho D_{AB}r^2\frac{\partial m_A}{\partial r}\right)+\frac{1}{r^2\sin^2\theta}\frac{\partial}{\partial\phi}\left(\rho D_{AB}\frac{\partial m_A}{\partial\theta}\right)+\frac{1}{r^2\sin\theta}\frac{\partial}{\partial\theta}\left(\rho D_{AB}\sin\frac{\partial m_A}{\partial\theta}\right)+\dot{n}_A=\frac{\partial\rho_A}{\partial t}$$

(1-38)

或

$$\frac{1}{r^2}\frac{\partial}{\partial r}\left(CD_{AB}r^2\frac{\partial x_A}{\partial r}\right)+\frac{1}{r^2\sin^2\theta}\frac{\partial}{\partial\phi}\left(CD_{AB}\frac{\partial x_A}{\partial\theta}\right)+\frac{1}{r^2\sin\theta}\frac{\partial}{\partial\theta}\left(CD_{AB}\sin\frac{\partial x_A}{\partial\theta}\right)+\dot{N}_A=\frac{\partial C_A}{\partial t}$$

(1-39)

当 ρ、D_{AB} 或 C、D_{AB} 为常数时，式（1-36）～式（1-39）也可化简，请读者自行推导。扩散传质方程与热传导方程相同，都是偏微分方程，在特殊条件下，可简化为常微分方程。对上述方程的求解方法有：分离变量法、杜哈美尔定理方法、格林函数法、拉氏变换法，其他近似分析方法以及数值计算方法。

2. 对流传质过程

由于流体的宏观运动而引起的质量传递，它与热量传递中的对流换热相对应。既包括流体与固体骨架壁面之间的传质，也包括两种不混溶流体（含气液两相）之间的对流传质。

需更深入地认识决定边界层特性的物理因素，并建立边界层控制方程来说明这些因素和对流输运的关系。希望下面的边界层中对流传质方程的推导对读者了解边界层的物理意义和边界层的分析方法有所帮助。

在流体中任取一控制体（见图 1-6）。其中，V 为控制体体积；S 为控制体表面积；n^0 为表面的单位向量；$\dot{m}_{A,conv}$ 为单位时间以对流方式通过表面 S 进入控制体组分 A 的质量；$\dot{m}_{A,dif}$ 为单位时间以扩散方式通过表面 S 进入控制体组分 A 的质量；$\dot{n}_A$ 为单位体积控制体内组分 A 的质量产生速率；$\dot{m}_{A,st}$ 为单位体积控制体内组分 A 的增长速率。根据质量守恒，可得：

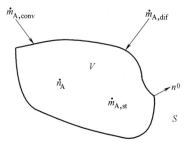

图 1-6 控制体的传质交换示意图

$$\dot{m}_{A,conv}+\dot{m}_{A,dif}+\dot{m}_{A,g}=\dot{m}_{A,st}$$

(1-40)

即：

$$\oiint_A(\rho_A v)\cdot(-dS)+\iint_A(-D_{AB}\rho\nabla m_A)\cdot(-dS)+\iiint_V\dot{n}_A dV=\iiint_V\frac{\partial\rho_A}{\partial t}dV$$

(1-41)

利用场论中的奥-高定理，可得：

$$\oiint_A(\rho_A v)\cdot dS=\iiint_V\nabla\cdot(\rho_A v)dV$$

(1-42)

$$\oiint_A(D_{AB}\rho\nabla m_A)\cdot dS=\iiint_V\nabla\cdot(D_{AB}\rho\nabla m_A)dV$$

(1-43)

将式（1-42）、式（1-43）代入式（1-41），得：

$$\iiint_V\left[\frac{\partial\rho_A}{\partial t}+\nabla\cdot(\rho_A v)-\nabla\cdot(D_{AB}\rho\nabla m_A)-\dot{n}_A\right]dV=0$$

(1-44)

上式对流场中任意控制体都成立，因此其微分形式成立。由此可得，用密度形式表示的对流传质方程为：

$$\frac{\partial \rho_A}{\partial t} + \nabla \cdot (\rho_A v) = \nabla \cdot (D_{AB}\rho \cdot \nabla m_A) + \dot{n}_A \tag{1-45}$$

同理可得，用摩尔形式表示的对流传质方程为：

$$\frac{\partial C_A}{\partial t} + \nabla \cdot (C_A v) = \nabla \cdot (D_{AB}C \cdot \nabla x_A) + \dot{N}_A \tag{1-46}$$

式中 $\dot{N}_A$——单位体积控制体内组分 A 的摩尔产生速率。

当 $V = 0$ 时，上述方程即扩散传质方程，参见式（1-30）和式（1-31）。

不同坐标系下，∇ 有不同的表达式，代入即可得到不同坐标系下对流传质方程的表达式。

在直角坐标系下，用密度表示的对流传质方程为：

$$\frac{\partial \rho_A}{\partial t} + \frac{\partial \rho_A u}{\partial x} + \frac{\partial \rho_A v}{\partial y} + \frac{\partial \rho_A \omega}{\partial z} = \dot{n}_A + \frac{\partial}{\partial x}\left(\rho D_{AB}\frac{\partial m_A}{\partial x}\right) + \frac{\partial}{\partial y}\left(\rho D_{AB}\frac{\partial m_A}{\partial y}\right) + \frac{\partial}{\partial z}\left(\rho D_{AB}\frac{\partial m_A}{\partial z}\right)$$

$$\tag{1-47}$$

用摩尔浓度表示的对流传质方程为：

$$\frac{\partial C_A}{\partial t} + \frac{\partial C_A u}{\partial x} + \frac{\partial C_A v}{\partial y} + \frac{\partial C_A \omega}{\partial z} = \dot{N}_A + \frac{\partial}{\partial x}\left(C D_{AB}\frac{\partial x_A}{\partial x}\right) + \frac{\partial}{\partial y}\left(C D_{AB}\frac{\partial x_A}{\partial y}\right) + \frac{\partial}{\partial z}\left(C D_{AB}\frac{\partial x_A}{\partial z}\right)$$

$$\tag{1-48}$$

1.3.2 基本定律

1. 菲克定律

描述由于浓度梯度引起的质量扩散的方程被称为菲克定律，是 1855 年菲克根据实际得到的经验规律，该定律描述质量传递通量 q_m 与浓度梯度 $\frac{\partial C}{\partial x}$ 之间的关系，即

$$q_m = -D\frac{\partial C}{\partial x} \tag{1-49}$$

式中 D——分子扩散系数（又称质量扩散系数）。

2. 牛顿黏性定律

该定律描述流体的黏滞应力 τ_x 与垂直于运动迹线方向的速度梯度 $\frac{\partial w_x}{\partial y}$ 之间的关系，即

$$\tau_x = \mu\frac{\partial w_x}{\partial y} \tag{1-50}$$

式中 w_x——沿运动方向 x 的流动速度；

y——垂直于流体运动迹线方向的坐标；

μ——流体黏度。

3. 达西定律

如前所述，该定律描述通过多孔介质单位截面上的不可压缩流体容积流量（即比流量）与流体流动方向上的水力梯度 $\frac{\partial \phi}{\partial x}$ 之间的关系。

$$j_f = -K\frac{\partial \phi}{\partial x} \tag{1-51}$$

1.3.3 物性参数

1. 质扩散系数

扩散系数取决于组分的性质、系统的状态和组分。但是对于常压下的气体，成分对扩散系数的影响可以忽略不计。附录1列出了部分物质扩散系数的实验数据。可以看出：气体和固体的扩散系数依次约小5个数量级。下面介绍一些确定传质扩散系数的公式，在室内空气品质分析中常常采用[4-10]。

（1）气体的扩散系数

1）查普曼（Chapman）-恩斯考格（Enskog）公式—理论公式

应用气体分子运动论，并使用伦纳德（Lennard）-琼斯（Jones）势模型估算分子间的作用力，得到适用于计算中低压下、非极性气体扩散系数的理论公式，即：

$$D_{AB} = \frac{0.0018583 T^{3/2} (1/M_A + 1/M_B)^{1/2}}{p \sigma_{AB}^2 \Omega_D} \tag{1-52}$$

式中　T——温度，K；

　　　p——系统总压力，atm；

M_A 和 M_B——组元 A 和 B 的分子量；

　　σ_{AB}——平均碰撞直径，取决于分子间作用力，A；

　　Ω_D——分子扩散碰撞积分；

　　k——玻耳兹曼常数，$k = 1.38 \times 10^{-16}$ erg（尔格）/K；

　　ε_{AB}——A、B 分子间的作用能，erg。

附录2列出了 Ω_D：$\dfrac{kT}{\varepsilon_{AB}}$ 数据，ε_{AB} 和 σ_{AB} 都是伦纳德-琼斯势参数，而且

$$\varepsilon_{AB} = (\varepsilon_A \cdot \varepsilon_B)^{1/2} \tag{1-53}$$

$$\sigma_{AB} = (\sigma_A + \sigma_B)/2 \tag{1-54}$$

附录3列出了纯物质的 ε 和 σ 的值，当没有 ε 和 σ 的值时，可由如下经验公式计算[11]。

$$\sigma = 1.18 \upsilon_b^{1/3} \tag{1-55}$$

$$\varepsilon/k = 1.12 T_b \tag{1-56}$$

或

$$\varepsilon/k = 0.75 T_c \tag{1-57}$$

式中　υ_b——沸点摩尔容积，cm^3/gmol；

　　　T_b——沸点温度，K；

　　　T_c——临界温度，K。

使用式（1-52）计算 D_{AB} 时，各参数的单位必须满足上面的要求。由该式计算的结果，一般偏差不超过 6%，在压力高达 25atm 时也能得到令人满意的结果。

2）富勒（Fuller）-斯凯特洛（Schettler）-吉丁斯（Giddings）公式[12]。

研究者们先后推荐过多种扩散系数的经验公式，其中令人满意的为富勒-斯凯特洛-吉丁斯公式：

$$D_{AB} = \frac{0.001 T^{1.75} (1/M_A + 1/M_B)^{1/2}}{p [(\sum \upsilon)_A^{1/3} + (\sum \upsilon)_B^{1/3}]^2} \tag{1-58}$$

式中，υ 和 $\sum \upsilon$ 分别为原子扩散容积和分子扩散容积，表 1-1 中列出了部分原子扩散

容积和简单分子扩散容积值。

原子扩散容积 v			
元素	原子扩散容积 v	元素	原子扩散容积 v
C	16.5	Cl	19.5
H	1.98	S	17.0
O	5.48	芳香环	−20.2
N	5.69	杂环	−20.2
简单分子扩散容积 $\sum v$			
物质	$\sum v$	物质	$\sum v$
H_2	7.07	CO	18.90
D_2	6.70	CO_2	26.90
H_e	2.88	N_2O	35.90
N_2	17.90	NH_3	14.90
O_2	16.60	H_2O	12.70
A_{ir}	20.10	(CCl_2F_2)	114.80
A_r	16.10	(SF_6)	69.70

复杂分子的扩散容积可用如下公式计算:

$$(\sum v)_A = (\sum n_i v_i)_A \tag{1-59}$$

式中,下标 i 表示 A 分子中的原子种类;n_i 表示 i 种原子的个数;v_i 表示 i 原子的原子扩散容积。根据物质的分子式和表 1-1 中的原子扩散容积值,就可用式(1-59)计算出该物质的分子容积。例如正庚烷的分子扩散容积为: $(\sum v)_{C_7H_{16}} = n_C v_C + n_H v_H = 7 \times 16.5 + 16 \times 1.98 = 147.18$

式(1-58)是由 152 种物质对的 340 个实验数据经回归分析得到的,此式所得的结果甚为理想。

3)压力和温度对于扩散系数的影响

理论和经验公式都表明:气体扩散系数与压力成反比关系。但是在高压下,混合气体的成分 D_{AB} 有明显影响,如再使用式(1-52)和式(1-58)计算 D_{AB},将得到比实验值高很多的结果。至目前为止,由于高压条件下扩散系数的研究不多,还没有可靠的理论和经验公式。

理论和经验公式也表明,在压力一定时,气体扩散系数随温度的变化关系服从如下指数方程:

$$D_{AB} = CT^n \tag{1-60}$$

在绝大多数情况下,温度指数 $n = 1.5 \sim 2$,同时,对于任一物质对,温度指数受温度影响。图 1-7 是温度指数 n 随对比温度 T_r($= T/T$)变化的曲线。混合气体的临界参数可按 Key 混合规则[12]计算,

$$X_c = \sum y_i X_i \tag{1-61}$$

式中　X_c——混合气体的临界参数(如 p_c, T_c, V_c);

X_i——组分 i 的临界参数。

如果某状态（p_0，T_0）下的 $D_{AB,0}$ 已知，则任意状态（p，T）时的扩散系数为：

$$D_{AB} = D_{AB,0} \left(\frac{p_0}{p} \right) \left(\frac{T}{T_0} \right)^n$$

(1-62)

标准状态下的二元扩散系数值、温度指数及其适用温度范围有文献可供查取。

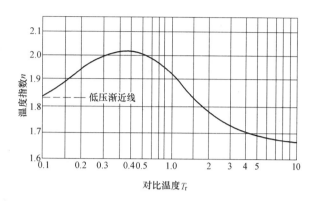

图 1-7　气体扩散系数的温度指数 n

（$\varepsilon/k \approx 0.77 T_c$）

（2）固体中的扩散系数

对气体、液体和固体在固体中的扩散，其机理很复杂，尚无普适理论。目前，质量扩散系数的试验结果在文献中也不多见。

2. 对流传质系数

对流传质问题可以用求解对流换热的方法得到类似的结果。对于二元混合流体系统，如果组分摩尔浓度为 $C_{A,\infty}$ 的流体流过一固体表面，而在该表面处的组分浓度保持在 $C_{A,s} \neq C_{A,\infty}$，如图 1-8 所示，将发生因对流引起的该组分的传质。典型的情况是组分 A 的蒸气，它分别由液体表面的蒸发或固体表面的升华面传入气流。要计算这种传质速率，如同传热的情况一样，可以建立类似对流换热系数的概念，即建立质量流浓度和传递系数及浓度差之间的关系。

固体壁面与流体之间的对流传质速率可定义为：

$$N_A = h_m (C_{A,s} - C_{A,\infty})$$

(1-63)

式中　N_A——对流传质速率，$kmol/(m^2 \cdot s)$；

$C_{A,s}$——壁面浓度，$kmol/m^3$；

$C_{A,\infty}$——流体的主体浓度或平均浓度，$kmol/m^3$；

h_m——对流传质系数，m/s。

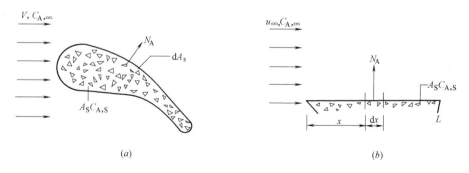

（a）　　　　　　　　　　　　　　　　（b）

图 1-8　局部和总体的对流传质系数

（a）任意形状表面；（b）平面

15

3. 水蒸气渗透系数

水蒸气渗透系数是指在稳定渗透条件下，1m 厚的材料，两侧表面的水蒸气分压力差为 1Pa，在 1h 内，通过 $1m^2$ 面积渗透的水蒸气量，单位为克/（米·小时·帕斯卡）[g/(m·h·Pa)] 或单位为纳克/（米·小时·帕斯卡）[ng/(m·h·Pa)]，与透湿系数同义。

文献 [13] 通过测试膨胀聚苯乙烯（EPS）、挤塑聚苯乙烯（XPS）和聚氨酯（PU）三种建筑保温材料及水泥砂浆、混凝土、多孔黏土砖等建筑材料在不同相对湿度下的水蒸气渗透系数，其关系式如表 1-2 所示，对应材料的热物性参数如表 1-3 所示。

建筑材料水蒸气渗透系数与相对湿度之间的关系表达式 　　　　表 1-2

材料名称	水蒸气渗透系数与相对湿度的关系	0～60%	60%～100%
膨胀聚苯乙烯（EPS）	$\delta_v = 9.99 \times 10^{-13} + 7.10 \times 10^{-11} \varphi^{9.49}$	1.05×10^{-9}	1.78×10^{-8}
挤塑聚苯乙烯（XPS）	$\delta_v = 4.36 \times 10^{-13} + 2.03 \times 10^{-11} \varphi^{7.71}$	4.80×10^{-10}	6.19×10^{-9}
聚氨酯（PU）	$\delta_v = 1.63 \times 10^{-12} + 9.85 \times 10^{-11} \varphi^{9.44}$	1.71×10^{-9}	2.51×10^{-8}
混凝土	$\delta_v = 3.09 \times 10^{-14} + 5.51 \times 10^{-12} \varphi^{20.70}$	3.09×10^{-11}	6.65×10^{-10}
砂浆	$\delta_v = 5.31 \times 10^{-12} + 2.80 \times 10^{-10} \varphi^{16.76}$	5.31×10^{-9}	1.24×10^{-7}
黏土砖	$\delta_v = 1.35 \times 10^{-13} + 5.46 \times 10^{-12} \varphi^{11.46}$	1.37×10^{-10}	1.28×10^{-9}

测试结果表明，在环境空气相对湿度为 0～60% 区间内，水蒸气渗透系数变化较为缓慢；相对湿度高于 60% 后会发生突变，水蒸气渗透系数呈指数形式增长。因此，在墙体热湿耦合迁移计算时将水蒸气渗透系数设定为恒值必然会产生误差。

对不同区间内的水蒸气渗透系数积分，并在该区间取其积分平均值，如下式：

$$\delta''_v = \frac{1}{\varphi_2 - \varphi_1} \int_{\varphi_1}^{\varphi_2} \delta_v \mathrm{d}\varphi = \frac{1}{\varphi_2 - \varphi_1} \int_{\varphi_1}^{\varphi_2} (a + bx^c) \mathrm{d}\varphi \qquad (1-64)$$

φ_1 和 φ_2 分别为 0～60% 和 60%～100% 区间相对湿度的积分上下限，将水蒸气渗透系数拟合公式代入式（1-64），分别得到 6 种材料的水蒸气渗透系数在两个区间内的积分平均值，如表 1-3 所示。

建筑材料的热物性参数 　　　　表 1-3

材料	密度(kg/m³)	导热系数[W/(m·K)]	比热[J/(kg·K)]
膨胀聚苯乙烯（EPS）	30	0.037	1200
挤塑聚苯乙烯（XPS）	42	0.030	1214
聚氨酯（PU）	30	0.028	1380
混凝土	1800	0.814	879
砂浆	2500	1.420	837
黏土砖	1800	0.930	1050

4. 等温吸附平衡曲线

一般来说，吸附量可表示成温度和压力的函数，即：

$$q = f(p, T) \qquad (1-65)$$

式中　　q——吸附量，$g_{吸附质}/g_{吸附剂}$；

　　　　p——吸附质分压力，Pa；

　　　　T——温度，K。

在平衡条件下，等值线（见图1-9，图1-10）有：

吸附等压线：$q=f(T)$，$p=$ const

吸附等温线（经常使用）：　　　$q=f(p)$，$T=$ const

或采用如下表示：

$$q=f(C)，T=\text{const}$$
$$C=C(T)，q=\text{const}$$

Brunauer将气体等温吸附分为5种典型形式（见图1-9），纵坐标为单位时间质量吸附剂平衡状态下的吸附量，横坐标是对应于这种平衡状态下吸附质的浓度。类型Ⅰ即所谓Langmuir型吸附模型，这是一种单层吸附模型，适用于化学吸附和多孔介质物理吸附，例如活性炭、分子筛等。类型Ⅱ即所谓BET模型[14]，适用于固体表面的多层吸附，多存在于非多孔固体表面。类型Ⅲ与类型Ⅱ类似，但是在多孔固体表面发生高分子材料的吸附以及水蒸气的吸附往往是这种情况。类型Ⅳ和类型Ⅴ反映伴随凝结的吸附过程。

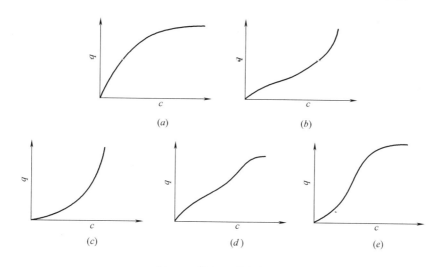

图1-9　等温吸附线类型

（a）类型Ⅰ；（b）类型Ⅱ；（c）类型Ⅲ；（d）类型Ⅳ；（e）类型Ⅴ

图1-10为典型的等压吸附线，图中曲线2为物理吸附，升高温度使得平衡向脱附方向移动，吸附量减小。高温部分曲线1是化学吸附曲线，温度的升高也使吸附量减小。如果始终能平衡的话，则不论曲线1还是曲线2都沿图中虚线进行。曲线3为物理吸附和化学吸附的过渡区，为非平衡吸附区。

多孔材料的湿平衡状态可用等温吸放湿平衡曲线来描述。等温吸放湿平衡曲线是在等温条件下，根据不同空气相对湿度所测得的材料

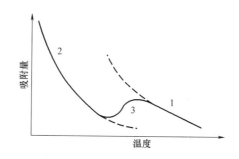

图1-10　等压吸附线类型

平衡含湿量绘制而成，它反映了材料在平衡状态下的含湿量，是自身吸放湿能力强弱的体现，等温湿平衡曲线有不同的分析表达形式[15-17]。比较常用的是BET方程：

$$u = \frac{a_1\varphi}{(1+a_2\varphi)(1-a_3\varphi)} \tag{1-66}$$

陈启高使用下式来描述材料的等温吸放湿曲线：

$$u = \frac{a\varphi}{1-b\varphi} \tag{1-67}$$

美国佛罗里达州太阳能中心建立常用建筑材料平衡含湿量曲线数据库时采用下式：

$$u = a\varphi^b + c\varphi^d \tag{1-68}$$

根据上述公式，国内外众多学者通过实验测试得到了混凝土、石灰水泥砂浆、胶合板、生土等建筑材料的等温吸放湿曲线的数学表达式[18-22]：

混凝土：$u = \dfrac{0.0392\varphi}{1-1.8504\varphi+0.9874\varphi^2}$ 或 $u = \dfrac{0.088\varphi}{(1+6.35\varphi)(1-0.53\varphi)}$ $\quad$ (1-69)

水泥砂浆：$u = \dfrac{0.0809\varphi}{1-1.759\varphi+0.8721\varphi^2}$ 或 $u = \dfrac{0.146\varphi}{(1+0.814\varphi)(1-0.63\varphi)}$ $\quad$ (1-70)

石膏板：$u = \dfrac{0.0115\varphi}{1-0.747\varphi}$ 或 $u = \dfrac{0.117\varphi}{1-1.7311\varphi+0.9685\varphi^2}$ $\quad$ (1-71)

实心黏土砖：$\quad u = 0.001\varphi^{8.3} + 0.002\varphi^{0.26}$ $\qquad\qquad$ (1-72)

多孔黏土砖：$\quad u = \dfrac{0.034\varphi}{(1+6.69\varphi)(1-0.81\varphi)}$ $\qquad\qquad$ (1-73)

胶合板：$\quad u = \dfrac{0.344\varphi}{(1+6.18\varphi)(1-0.828\varphi)}$ $\qquad\qquad$ (1-74)

木屑板：$\quad u = \dfrac{0.256\varphi}{(1+4.86\varphi)(1-0.822\varphi)}$ $\qquad\qquad$ (1-75)

纤维板：$\quad u = \dfrac{0.337\varphi}{(1+6.49\varphi)(1-0.923\varphi)}$ $\qquad\qquad$ (1-76)

牛皮纸：$\quad u = \dfrac{51.9\varphi}{(1+2.538\varphi)(1-0.902\varphi)}$ $\qquad\qquad$ (1-77)

泡沫板：$\quad u = \dfrac{0.364\varphi}{(1+14.6\varphi)(1-0.902\varphi)}$ $\qquad\qquad$ (1-78)

生土（夯土）：$\quad u = 0.016\varphi^{15.2} + 0.025\varphi^{0.45}$ $\qquad\qquad$ (1-79)

松木板：$\quad u = 0.18\varphi^{0.913} + 0.062\varphi^{9.13}$ $\qquad\qquad$ (1-80)

石灰岩：$\quad u = 0.014\varphi^4 - 0.021\varphi^3 + 0.014\varphi^2 + 0.0014\varphi + 0.00042$ $\qquad$ (1-81)

膨胀聚苯乙烯（EPS）：$\quad u = \dfrac{0.055\varphi}{(1+8.267\varphi)(1-0.6315\varphi)}$ $\qquad$ (1-82)

挤塑聚苯乙烯（XPS）：$\quad u = \dfrac{0.016\varphi}{(1+4.55\varphi)(1-0.740\varphi)}$ $\qquad$ (1-83)

聚氨酯（PU）：$\quad u = \dfrac{0.034\varphi}{(1+6.69\varphi)(1-0.808\varphi)}$ $\qquad$ (1-84)

上述公式中，φ 取 0～1 之间的数值；u 是材料含湿量，kg/kg。

1.4 热质耦合传递过程

1.4.1 Philip 和 De Vries 理论

Philip 和 deVries 在 1987 年首次提出了以温度梯度和湿分梯度为驱动势的双场耦合理

论模型[23]。认为土壤中的湿分传输同时存在气相和液相两种形态，并且这两相流的运动都是由温度梯度和湿分梯度驱动的，其中，液相质量流率基于非饱和达西定律，蒸汽质量流基于 Stefan 扩散定律。其热湿控制方程为：

$$\frac{\partial w}{\partial t}=\frac{\partial}{\partial x}\left(D_{\mathrm{w}}\frac{\partial w}{\partial x}+D_{\mathrm{T}}\frac{\partial T}{\partial x}\right)$$ (1-85)

$$\rho_{\mathrm{m}}C_{\mathrm{p}}\frac{\partial T}{\partial t}=\frac{\partial}{\partial x}\left(\lambda_{\mathrm{eff}}\frac{\partial T}{\partial x}\right)$$ (1-86)

式中　C_{p}——材料的定压比热，J/(kg·℃)；

　　　ρ_{m}——材料密度，kg/m³；

　　　t——时间，s；

　　　T——温度，℃；

　　　w——重量湿度，kg/kg；

　　　λ_{eff}——材料的有效导热系数，W/(m·℃)；

　　　D_{T}——温度作用下的质扩散系数，m²/(s·℃)；

　　　D_{w}——湿度作用下的质扩散系数，m²/s。

Philip 和 deVries 的主要贡献在于他们把液态湿分方程和气态湿分方程有机结合起来，把单一驱动机制推向热湿双场驱动机制，致使后来众多学者都引用他们的方程去解决问题。虽然该模型比较精确，但是方程中增加了很难通过实验直接测量得到的物性，只能通过对总流量的测量进行反推，因此具有较大的不确定性。并且模型忽略了由气相压力梯度产生的气相和液相流动以及蒸发冷凝机制，作为土壤中热湿传递过程的研究，忽略了不凝性气体的重要作用，使得模型的应用受到限制。

1.4.2　Luikov 热湿耦合控制方程

继 Philip 和 deVries 之后，Luikov 首次提出了以温度和湿容量为驱动势的多孔介质热湿耦合传递数学模型，考虑了总压力、浓度梯度、湿度梯度、分子迁移以及毛细作用等诸多因素。他认为热传递不仅取决于热传导，还取决于湿组分的分布情况；质传递不仅取决于湿扩散，还取决于热扩散。Luikov 将不可逆热力学方法引入到多孔介质热湿迁移研究，建立了关于温度 T、湿组分 θ 和压力 P 的三场梯度驱动模型[24-27]：

$$\frac{\partial T}{\partial \tau}=K_{11}\nabla^{2}T+K_{12}\nabla^{2}\theta+K_{13}\nabla^{2}P$$ (1-87)

$$\frac{\partial \theta}{\partial \tau}=K_{21}\nabla^{2}T+K_{22}\nabla^{2}\theta+K_{23}\nabla^{2}P$$ (1-88)

$$\frac{\partial P}{\partial \tau}=K_{31}\nabla^{2}T+K_{32}\nabla^{2}\theta+K_{33}\nabla^{2}P$$ (1-89)

上述方程的二阶扩散项前的系数称为唯象因子，分别反映含湿非饱和多孔介质内部的多种传输机制，该模型具有对称、直观及理论性强的特点，由于引入了总压力驱动机制和考虑了内部多种因素的影响，使得多孔介质理论模型得以发展完善。Luikov 模型为该领域的研究奠定了理论基础，但是该模型有几个缺点：所有表达式都基于唯象关系式，所以方程中的各参数物理意义不明确，并且由实验方法获得唯象系数是非常困难的；模型采用相变因子虽然对模型起到简化作用，但是它的取值带有假设性，使得方程的解析解称为半经验解；该模型未反映气体扩散传输机制，也没有包括液体的对流传输机制等，而这些都是非饱和多孔介质传输过程的重要机制，因此限制了该模型的广泛使用。

为了解决湿容量的不连续性问题，很多学者对 Luikov 模型进行了修正，采用其他驱动势来代替湿容量，例如 Pedersen 利用毛细压作为驱动势[28]，但由于毛细压很难准确测量，所以限制了它的使用；Kunzel 利用相对湿度作为驱动势。

1.4.3 Whitaker 理论

Whitaker 模型的主要假设有：局部热平衡；达西定律有效；气相传输主要机制为 Fick 扩散和渗流作用；液相传输机制为毛细流动；材料为刚性多孔固体骨架。通过对表征体元（REV）采用空间平均建立的质量、动量和能量守恒连续介质模型，考虑了介质内部的湿组分及能量的多种传输机制，其方程如下：

$$(\rho c_p)_{\mathrm{eff}} \frac{\partial T}{\partial t} + (\rho_l c_{pl} V_l + \rho_g c_{pg} V_g) \nabla T = \nabla (\lambda_{\mathrm{eff}} \nabla T) + \dot{Q} - \gamma \dot{m} \tag{1-90}$$

$$\frac{\partial}{\partial t} (\varepsilon_g \rho_v) + \nabla (\rho_v V_g) = \nabla \left[\rho_g D_{\mathrm{eff},g} \nabla \left(\frac{\rho_v}{\rho_g} \right) \right] + \dot{m} \tag{1-91}$$

$$\frac{\partial}{\partial t} (\varepsilon_a \rho_a) + \nabla (\rho_a V_g) = \nabla \left[\rho_a D_{\mathrm{eff},g} \nabla \left(\frac{\rho_a}{\rho_g} \right) \right] \tag{1-92}$$

$$\frac{\partial}{\partial t} (\varepsilon_l \rho_l) + \nabla (\rho_l V_l) = -\dot{m} \tag{1-93}$$

式中　λ_{eff}——有效导热系数，W/(m·K)；

　　$D_{\mathrm{eff},g}$——气相有效扩散系数；

　　ρ——密度，kg/m³；

　　c_p——比热，J/(kg·K)；

　　V——速度矢量；

　　$\dot{m}$——内部蒸发率，kg/s；

　　$\dot{Q}$——热流，W/m²；

　　γ——水的气化潜能，J/kg；

　　ε——体积百分比含量；

下标 a、g、l、v——分别表示空气、气体、液体、蒸汽。

本章参考文献

[1] R. E. 科林斯，著. 流体通过多孔材料的流动. 陈钟祥，吴望一译. 北京：石油工业出版社，1984.

[2] 林瑞泰. 多孔介质传热传质引论. 北京：科学出版社，1995.

[3] 刘伟，范爱武，黄晓明，著. 多孔介质传热传质理论与应用. 北京：科学出版社，2006.

[4] 朱谷军. 工程传热传质学. 北京：航空工业出版社，1989.

[5] Bird R B. Adv. Chem. Eng. 1956.

[6] Bird R B, Stewart W E, and Lightfoot E N. Transport Phenomena. New York：Wiley. 2002.

[7] Hirschfelder J O, Curtiss C F, and Bird R B. Molecular theory of gases and liquids. New York：Wiley，1954.

[8] Skelland. A. H. P. Diffusional mass transfer. New York：Wiley，1974.

[9] Ried R C and Sherwood T K. The properties of gases and liquids. New York：McGraw-Hill，1966.

［10］　Guo Z. Review of indoor emission source models. Part 2. Parameter estimation，Environmental Pollution，2002，120：551-564.

［11］　Geankoplis J C. Mass transport phenomena. Holt. New York：Rinehart and Winston Inc，1972.

［12］　Ried R C，Prausnitz J M and Sherwood T K. The properties of gases and liquids. 3rd ed.. New York：McGraw-Hill Inc，1997.

［13］　李魁山，张旭，韩星，朱东明. 建筑材料水蒸气渗透系数实验研究. 建筑材料学报，2009，12（3）：288-291.

［14］　Brunauer S，Emmett P H and Teller E，J. Am. Chem. Soc.，1938，60：309-311.

［15］　Kerestecioglue A，Gu L. Theoretical and computational investigation of simultaneous heat and moisture transfer in buildings "evaporation and condensation" theory. ASHRAE Transactions. 1990，96（1）：455-464.

［16］　陈启高. 建筑热物理基础. 西安：西安交通大学出版社，1991.

［17］　Richards R. F.，Burch D. M. Water vapor sorption measurements of common buildings. ASHRAE Transactions，1992，6（1）：475-494.

［18］　闫增峰. 生土建筑室内热湿环境研究. 西安：西安建筑科技大学，2003.

［19］　［苏］A. B. 雷柯夫，著. 建筑热物理理论基础. 任兴学，张志清译. 北京：科学出版社，1965.

［20］　R. F. Richards，D. M. Burch. Water vapor sorption measurements of common buildings. ASHRAE Transactions，1992，6（1）：475-494.

［21］　于水，张旭，李魁山. 新型建筑墙体保温材料热湿物性参数研究. 2010 年建筑环境科学与技术国际学术会议论文集，2010，199-205.

［22］　裴清清，陈在康. 几种常用建筑材料的等温吸放湿线实验研究. 湖南大学学报，1999，26（4）：96-99.

［23］　D. A. deVries. The theory of heat and moisture transfer in porous media revisited. Int. J. Heat and Mass Transfer，1987，30（7）：1343-1350.

［24］　A. V. Luikov. Heat and mass transfer in capillary-porous bodies. Advances Heat Transfer，1964，1：123-184.

［25］　A. V. Luikov. System of differential equation of heat and mass transfer in capillary-porous bodies. Int. J. Heat Transfer，1975，18（1）：1-14.

［26］　A. V. Luikov，A. G. Shashkov，L. L. Vasiliev，Yu. E. Fraiman. Thermal conductivity of porous system. Int. J. Heat and Mass Transfer，1968，11（2）：117-140.

［27］　王莹莹，刘艳峰，刘加平. 多孔围护结构热湿耦合传递过程研究及进展. 建筑科学，2011，27（6）：106-112.

［28］　Pedersen CR. Prediction of moisture transfer in building constructions. Building and Environment，1992，27（3）：387-397.

第 2 章　建材界面气固两相分配机理

2.1　概　　述

分离系数直接决定了建材界面固相与气相挥发性有机化合物浓度的比值，现有关于分离系数的研究多从实验角度出发，但关于温度、气体属性及建材参数等主控因素对分离系数的作用机理研究仍鲜有文献报道。有学者基于 Langmuir 单分子层吸附理论对分离系数的理论推导进行了初步探索，得到了分离系数与温度的函数关系式[1]。但由于建材内孔径尺度的差异使得气体分子在不同孔径尺度内的吸附机理存在本质的不同，直接影响了分离系数的取值计算，因此分离系数在多尺度孔隙结构下的作用机理仍需进一步探索和研究。

初始可散发浓度是评价建材挥发性有机化合物散发水平的一个重要参数。现有对初始可散发浓度的研究多集中在设计快捷可靠的实验方案进行测定，但对其成形过程仍缺乏机理性的认识。有相关研究提出初始可散发浓度与总浓度之间的比例差异，建立了初始可散发浓度与温度的函数关系[2]。但其假设吸附势能均一，忽略了多孔结构差异化背景下势能的非均匀分布特征。因此，如何在掌握建材结构参数的前提下，进一步剖析 VOC 分子多尺度脱附机制，实现初始可散发浓度的准确预测，是目前亟需解决的问题。

本章基于吸附势理论建立了多孔建材分离系数双尺度计算模型，该模型综合考虑孔径尺度、孔隙率、温度、VOC 属性等参数的影响机理，分别对微观及宏-介观尺度下的分离系数进行理论推导。基于吸附势理论，以孔径尺度划分建材结构，经重构组合得到势能场分布规律，避免了以势能均值计算初始可散发浓度带来的误差。根据理想气体分子动能分布律与建材吸附势能分布律之间的关系，诠释建材 VOC 吸附、脱附机理及源、汇转换条件，以脱附判据推导初始可散发浓度解析式。通过设计一套独立的实验方案，对多工况下的分离系数及初始可散发浓度进行测定，并将实验结果推广至同系物间分离系数的预测，可有效提高参数的测定效率。

2.2　分离系数双尺度预测模型

2.2.1　多孔介质中气体分子吸附机理

分离系数描述了建材和气相接触界面在平衡状态时，界面吸附质固相浓度与气相浓度之比。建材作为多孔介质，其表面能量具有不均匀分布特性，且和大部分多孔介质一样其表面形态具有分形特征。当气体分子在建材界面发生吸附时，气体分子与建材界面之间的结合能不仅与两者间的垂直距离有关，气体分子所处的水平位置亦会产生影响[3]。

Langmuir 单分子层吸附理论常被用来表征低压状态下气体分子在固体界面上的吸附

过程。单分子层吸附理论认为固体表面的分子或原子具有向外的剩余价力，该剩余价力的作用范围仅覆盖单个分子的尺度范围，且该理论假设固体表面结构均匀，每一个具有剩余价力的表面分子或原子只可吸附一个气体分子，因此在固体表面上的吸附为单分子层的定位吸附[4]。但是实际的吸附实验结果多存在与 Langmuir 等温吸附式不一致的情况[5]，其原因主要有两个方面：一是固体表面的非均匀性会导致其表面能量分布的差异化，进而气体分子的吸附也会呈现出不规律的特点；二是由于固体表面的吸附力场作用范围并非局限于一个分子直径的范围，在其表面可能会发生多层吸附。

吸附势理论的观点认为固体界面存在吸附势能场，气体分子进入此势能场的控制范围即被吸附。吸附势能起作用的空间被称作吸附空间，在该空间范围内，吸附质气体与吸附剂表面的距离越大，气体密度越低，因此在吸附空间的最外缘，吸附质气体的浓度和气相空间中自由气体的浓度已基本一致[6]，吸附力场的最大作用范围即为极限吸附空间。吸附势理论并未建立吸附过程的实际物理模型，但其本质是多分子层吸附。该理论最早由 Polanyi[7] 予以定量地描述，即在恒温条件下，将 1mol 气体从主体相吸引到吸附相所做的功。将气体视为理想气体，则吸附势能 ε 可表示为：

$$\varepsilon = RT\ln\frac{p_0}{p} \qquad\qquad (2\text{-}1)$$

式中　R——通用气体常数，8.314 J/(mol·K)；

　　　p_0——实验温度下的饱和蒸汽压，Pa；

　　　p——气体的平衡压力，Pa。

Dubinin 等[8] 将吸附势理论运用于孔隙吸附特性的研究，将孔隙结构分为微孔及宏-介孔两类。对于微孔吸附，其提出了孔填充理论，该理论认为：微孔的孔径范围与分子尺度相当，孔壁表面的势能场由于距离较近，发生了相互叠加，使得微孔内部的势能分布与均匀平面完全不同，造成其吸附机理存在本质的差异[8]。处于微孔中的吸附质分子受到四周孔壁相互叠加的 Van der Waals 色散力作用，微孔内的气体吸附行为是孔填充，而非单分子层吸附理论所假设的表面覆盖形式[9]。因而，在微孔中的吸附势能较平面上大得多，微孔中的吸附容量受孔体积控制。对于介观孔和宏观孔，其孔壁间的距离大于微孔，吸附势能场的叠加效应并没有微孔明显，或由于孔径较大势能场未发生叠加，因此其孔内的平均吸附势能要小于微孔，但是宏、介观孔内吸附过程仍可认为是以孔填充的形式发生，其吸附行为介于单分子层吸附与微孔吸附之间，在孔隙表面发生多分子层吸附。图2-1 为单分子层吸附与孔填充吸附的对比示意图。

2.2.2　微观孔分离系数预测模型

对于微孔，其努森数 $K_n \geqslant 10$，微孔结构吸附特性曲线可由下述公式描述[8]：

$$V = V_0\exp(-k\varepsilon^2) \qquad\qquad (2\text{-}2)$$

式中　V——吸附势能为 ε 时的吸附体积，m^3/mg；

　　　V_0——单位质量吸附剂中的微孔体积，m^3/mg；

　　　k——由吸附质和吸附剂的工质对性质所决定的常数。

吸附量 α 的表达式为：

$$\alpha = \frac{V}{V} \qquad\qquad (2\text{-}3)$$

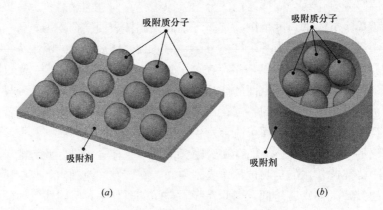

图 2-1 两种吸附方式的对比

(a) 单分子层吸附; (b) 孔填充吸附

式中 $\overline{V}$——液态吸附质的摩尔体积，m^3/mol。

将式 (2-1)、式 (2-2) 代入式 (2-3) 中，可得 Dubinin-Radushkevich 吸附等温式如下[10]：

$$\alpha = \frac{V_0}{\overline{V}} \exp\left[-k\left(RT\ln\frac{p_0}{p}\right)^2\right] \tag{2-4}$$

对于低压下理想气体，吸附质浓度与其压力之间的关系为：

$$C_a = \frac{\alpha}{V} = \frac{p}{RT} \tag{2-5}$$

式中 C_a——气相吸附质的平衡浓度，mol/m^3。

因为平衡时吸附相浓度及气相吸附质浓度均远低于饱和浓度，故可用 Henry 定律描述孔隙表面吸附相和气相吸附质浓度间存在的瞬时和可逆的平衡关系[11]：

$$C_m = KC_a = \frac{K}{RT}p \tag{2-6}$$

式中 C_m——平衡时吸附剂表面吸附质的浓度，mol/m^3。

单位质量吸附剂的吸附量为：

$$\alpha = V_m C_m = \frac{KV_m}{RT}p \tag{2-7}$$

式中 V_m——单位质量的吸附剂体积，m^3/mg。

对于微观孔，定义表面分离系数为 K_1，联立式 (2-4) 与式 (2-7)，可得：

$$\frac{V_0}{\overline{V}} \exp\left[-k\left(RT\ln\frac{p_0}{p}\right)^2\right] = \frac{K_1 V_m}{RT}p \tag{2-8}$$

定容定温条件下，根据分离系数的定义及理想气体状态方程，K_1 可表示为：

$$K_1 = \frac{p_0}{p} \tag{2-9}$$

将式 (2-9) 代入式 (2-8) 求解可得微孔表面分离系数 K_1 为：

$$K_1 = \exp\left[-\frac{1}{k^{0.5}RT}\ln^{0.5}\left(\frac{\overline{V}V_m p_0}{V_0 RT}\right)\right] \tag{2-10}$$

若已知材料中微观孔的孔隙率 ϕ_1，则可表示成：

$$K_1 = \exp\left[-\frac{1}{k^{0.5}RT}\ln^{0.5}\left(\frac{\overline{V}p_0}{\phi_1 RT}\right)\right] \tag{2-11}$$

2.2.3 宏-介观孔分离系数预测模型

对于存在大量宏观孔和介观孔的吸附剂来说，宏观孔努森数 $K_n \leqslant 0.1$，介观孔努森数 $0.1 < K_n < 10$，在这些孔隙中相对孔壁距离大，色散力叠加程度较低，吸附势能变小，这类结构的吸附体积与吸附势能的关系为[8]：

$$V = V_0 \exp(-m\varepsilon) \tag{2-12}$$

式中 m——由吸附剂与吸附质特性共同决定的一个常数。

将式（2-1）、式（2-12）代入式（2-3）中，可得 Freundlich 吸附等温式如下[5]：

$$\alpha = \frac{V_0}{V}\left(\frac{p}{p_0}\right)^{mRT} \tag{2-13}$$

与上述微孔表面分离系数的推导过程一致，可得到宏-介观孔分离系数 K_2 的表达式为：

$$K_2 = \left(\frac{V_0 RT}{VV_m p_0}\right)^{\frac{1}{mRT}} \tag{2-14}$$

若已知材料的宏-介观孔的孔隙率 ϕ_2，则宏-介观孔分离系数可表示成：

$$K_2 = \left(\frac{\phi_2 RT}{\overline{V}p_0}\right)^{\frac{1}{mRT}} \tag{2-15}$$

2.2.4 多孔介质传质模型的等效分离系数

基于上述对微孔及宏-介观孔分离系数的分析，对于任意多孔建材，掌握其孔径分布特征后均可采用式（2-11）及式（2-15）对其孔隙分离系数进行预测。获知孔隙分离系数后，需代入对应的传质方程中求解方可得到多孔建材的 VOC 散发特性。对于宏-介观孔及微观孔均占有一定比例的材料，其内部的吸附相浓度可基于 Henry 定律由下式表述：

$$C_{ad} = \frac{\phi_1 K_1 + \phi_2 K_2}{\phi_1 + \phi_2}C \tag{2-16}$$

将式（2-16）代入多孔介质内部的质量扩散平衡方程，并忽略建材二次源和汇生成/去除的 VOC 及由空间和时间确定的 $g(x, t)$，简化后的方程为：

$$K_e\frac{\partial C}{\partial t} = D_e\frac{\partial^2 C}{\partial y^2} \tag{2-17}$$

式中，等效分离系数 K_e 定义为 $K_e = \phi + (1-\phi)\dfrac{\phi_1 K_1 + \phi_2 K_2}{\phi_1 + \phi_2}$，对于只存在微观孔或宏-介观孔比例相比微观孔甚小的材料，$K_e = \phi + (1-\phi)K_1$；相反的，对于只存在宏-介观孔或微观孔比例相比宏-介观孔甚小的材料，$K_e = \phi + (1-\phi)K_2$。对多孔建材孔径分布的实验研究表明，大多数多孔建材内部孔径尺寸位于宏观及介观尺度范围内，微观孔所占比例可以忽略。

2.3 初始可散发浓度差异化分布预测模型

2.3.1 孔隙表面吸附质分子脱附机理

研究建材内的初始可散发浓度，首先需对 VOC 分子在建材孔隙结构下的吸附、脱附过程进行全面剖析。VOC 分子与建材固相颗粒表面间的作用力主要由物理力控制，即 Van der Waals 力，它包括色散力、静电力和诱导力，这种作用力无方向性和饱和性。VOC 分子在建材颗粒表面发生物理吸附时，由于分子间作用力较弱，吸附热较小，在温度较低时吸附过程较快，且该过程可逆，吸附质分子易解吸再次逃逸至空气中。吸附质分子发生解吸的条件为：气体分子的动能大于其与建材间的物理结合能[2]，该物理结合能即为建材表面对 VOC 分子的吸附势能。多孔建材表面形态不统一，其表面能量的不均匀性使得不同吸附位上气体脱附所需的能量并不相同。与此同时，气体分子热运动速率各异，因此各气体分子动能亦不相同，且随时间不断改变。对单个气体分子做逐一分析显然不实际，因此需在这复杂的热力学现象背后，从大量气体分子整体表现出来的热学性质中得到气体分子动能分布的规律。麦克斯韦分布律描述了系统在达到平衡状态时的分子动能概率密度分布函数[12]：

$$g(\varepsilon_k) = \frac{2}{\sqrt{\pi}} (kT)^{-\frac{3}{2}} e^{-\frac{\varepsilon_k}{kT}} \varepsilon_k^{\frac{1}{2}} d\varepsilon_k \qquad (2\text{-}18)$$

式中　$g(\varepsilon_k)$ ——理想气体分子动能分布的概率密度；

　　　k ——玻尔兹曼常数，J/K。

该式建立了理想气体分子动能概率密度与温度间的关系式。

对建材内所有吸附位上的分子动能大于吸附势能的概率进行叠加，即为该温度下建材内 VOC 分子的可散发比例。图 2-2 所示即为建材内 VOC 可散发比例示意图，图中横坐标为分子动能，纵坐标为动能分布的概率密度。

2.3.2　多孔建材吸附势能的非均匀分布特性

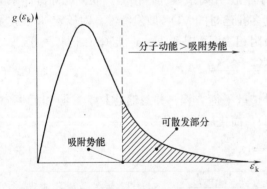

图 2-2　VOC 可散发比例示意图

当气体分子被固体表面吸附时，即使保持气体分子与固体表面垂直距离恒定，两者间的作用能对于不同的表面区域亦存在差异。即气体分子受到的固体表面结合能不仅与两者间的垂直距离有关，亦与气体分子所处的表面区域有关。根据固体表面势能分布状况，可将固体表面分为均匀表面和非均匀表面[13]。当固体表面上的各活性中心能量波动相同时，为均匀表面；若呈现能量的非均匀波动，则为非均匀表面。

对于多孔建材，其表面呈现粗糙性，孔径分布服从分形幂规律，表面能量波动不均。其内部孔隙连接方式多样，孔隙结构复杂多变。不同孔径内吸附势能场的强度也有所差别，孔径越小，气体分子与固体表面的距离越近，气体分子受到来自孔壁的 Van der Waals 色散力越强。孔壁内吸引力场的作用范围称为吸附空间，在此空间内吸附质与壁面距离越近，其分子密度越高，吸引力场的最大作用范围称为极限吸附空间，极限吸附空间最外缘处的吸附气体与外部气体的密度已无差别[14]。对于某一孔隙进行独立分析，假设其极限吸附空间只覆盖此孔隙范围，与其他孔隙的连接处为该孔隙吸引力场的边缘，色散力强度减弱，吸附质分子密度降低，不同孔隙的吸引力场不相互叠加。因此，可对不同孔径的孔隙单独计算其吸附势能。

对具有相同孔径的孔隙吸附量进行分析时，只有此孔径范围内的吸附势能场对气体分子起吸附作用，其余孔径视为无势能场作用的自由空间。根据气体脱附时吸附势能与理想气体分子动能间的关系，得到各孔径下吸附质可散发部分的比例。对建材内所有孔径的吸附势能场逐一分析，并计算对应的可散发部分比例，最后叠加得到单位体积建材内的总初始可散发浓度，其物理模型示意图由图 2-3 所示。

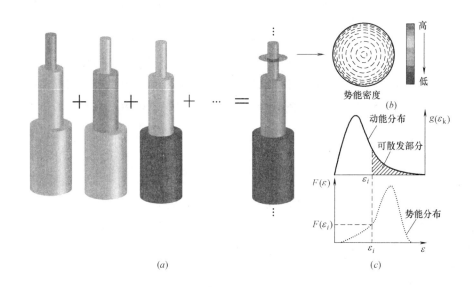

图 2-3　多级初始可散发浓度物理模型示意图
(a) 各孔径吸附势能场叠加过程；(b) 单个孔隙截面势能场分布；
(c) 吸附势能及分子动能的分布及其与可散发比例之间的关系

如图 2-3 (a) 所示，建材内各孔径下的吸附势能场可吸附的气体分子量存在差异，将不同孔径的吸附量叠加即为建材内吸附质分子的总含量。但是该部分吸附质分子并非均可散发，在常温下建材内 VOC 分子的可散发量仅占其总含量的一小部分。建材内不同孔径尺度的吸附力场不同，微观孔吸附势能大于宏-介观孔尺度下的吸附势能，因此需对不同孔径下的势能场依次分析，得到建材内的吸附势能概率分布，再由第 2.3.1 节提出的气体脱附判据来分析 VOC 分子的可散发比例。如图 2-3 (c) 所示，实曲线为分子动能概率密度分布，下半部分虚曲线为吸附势能的概率分布，对气体分子动能大于吸附势能的部分进行积分即可得到可散发比例。

2.3.3　初始可散发浓度差异化分布解析式

建材内微孔与宏-介观孔的吸附机理存在差异，因此需分别进行分析。对于微孔材料，其中某一孔径的吸附过程单独作用时，吸附体积与吸附势能的关系为[8]：

$$V_l = N_i V_i \exp(-k\varepsilon_i^2) \tag{2-19}$$

式中　V_l——单位质量吸附剂在单孔径吸附作用下的吸附体积，m^3/mg；

　　　N_i——单位质量吸附剂中该孔径对应的孔隙数量；

　　　V_i——某一孔径对应单个孔的孔体积，可由 $V_i = \pi\lambda_i^3/4$ 计算求得，m^3；

ε_i——该孔径对应的吸附势能，可由式（2-1）计算求得；

m——由吸附质及吸附剂性质共同决定的一个常数。

单位质量吸附剂在单孔径吸附作用下吸附量 α 的表达式为：

$$\alpha = \frac{V_l}{\overline{V}} \qquad (2\text{-}20)$$

式中 $\overline{V}$——吸附质的液相摩尔体积，m^3/mol。

将式（2-1）、式（2-19）代入式（2-20）中，可得 Dubinin-Radushkevich 吸附等温式的变化形式：

$$\alpha = \frac{N_i V_i}{\overline{V}} \exp\left[-k\left(RT\ln\frac{p_0}{p}\right)^2\right] \qquad (2\text{-}21)$$

根据理想气体状态方程及吸附平衡时吸附相浓度和气相吸附质浓度间存在的瞬时及可逆的转换关系，可得到单一孔径吸附势能场作用下，单位质量吸附剂的吸附量为：

$$\alpha = V_m C_m = \frac{p_0 V_m}{RT} \qquad (2\text{-}22)$$

联立式（2-21）与式（2-22），可得到微观孔隙尺度下 p_0/p 的表达式为：

$$\frac{p_0}{p} = \exp\left[-\frac{1}{k^{0.5}RT}\ln^{0.5}\left(\frac{\overline{V}V_m p_0}{N_i V_i RT}\right)\right] \qquad (2\text{-}23)$$

将式（2-23）代入吸附势能表达式（2-1），得到微观孔径尺度下单个气体分子受到的吸附势能表达式为：

$$\varepsilon_{i,1} = -\frac{1}{N_A k^{0.5}}\ln^{0.5}\left(\frac{\overline{V}V_m p_0}{N_i V_i RT}\right) \qquad (2\text{-}24)$$

式中 N_A——阿伏伽德罗常数。

应用相同的方法对宏-介孔材料进行分析，当某一孔径的吸附力场单独作用时，其吸附体积与吸附势能的关系为[8]：

$$V_l = N_i V_i \exp(-m\varepsilon_i) \qquad (2\text{-}25)$$

将式（2-1）、式（2-25）代入式（2-20）中，可得 Freundlich 吸附等温式的变化形式：

$$\alpha = \frac{N_i V_i}{\overline{V}}\left(\frac{p}{p_0}\right)^{mRT} \qquad (2\text{-}26)$$

联立式（2-22）与式（2-26），可得到宏-介观尺度下 p_0/p 的表达式为：

$$\frac{p_0}{p} = \left(\frac{N_i V_i RT}{V_m \overline{V} p_0}\right)^{\frac{1}{mRT}} \qquad (2\text{-}27)$$

将式（2-27）代入吸附势能表达式（2-1），得到宏-介观孔径尺度下单个气体分子吸附势能表达式为：

$$\varepsilon_{i,2} = \frac{1}{mN_A}\ln\frac{N_i V_i RT}{V_m \overline{V} P_0} \qquad (2\text{-}28)$$

由于建材内孔径分布为离散分布，其吸附势能的分布律也呈离散分布。建材内吸附质分子脱附的条件为：气体分子动能大于或等于吸附势能，可散发部分由图 2-3（c）定性给出。可散发部分比例 λ 即为初始可散发浓度 C_{m0} 与总浓度 $C_{0,\text{total}}$ 之间的比值，其关系可由下式表述：

$$\lambda = \frac{C_{m0}}{C_{0,\text{total}}} = \sum \int_{\varepsilon_i}^{\infty} F(\varepsilon_i) g(\varepsilon_k) d\varepsilon_k \tag{2-29}$$

式中　$F(\varepsilon_i)$——吸附势能为 ε_i 时的概率；

　　　$g(\varepsilon_k)$——理想气体分子动能分布的概率密度。

对式（2-29）进行化简，可以得到：

$$\lambda = \sum F(\varepsilon_i) \frac{2}{\sqrt{\pi}} \sqrt{\frac{\varepsilon_i}{kT}} e^{-\frac{\varepsilon_i}{kT}} \tag{2-30}$$

因此，初始可散发浓度 C_{m0} 的表达式为：

$$C_{m0} = \psi \sum F(\varepsilon_i) \sqrt{\frac{\varepsilon_i}{kT}} e^{-\frac{\varepsilon_i}{kT}} \tag{2-31}$$

式中　ψ——与温度不相关的常数，仅与建材—VOC 工质对的物理性质相关。

严格来说，$\psi = 2C_{0,\text{total}}/\sqrt{\pi}$，将其简化为常数的目的是考虑到气体分子被限制于材料表面时，气体动能可能会偏离原有的理想气体动能分布[2]，故将 A 设为常数以减小由此产生的误差。

式（2-31）揭示了初始可散发浓度与温度、吸附势能及其概率分布间的函数关系，进而可得到初始可散发浓度与建材孔径分布、孔隙率之间的关系。该理论模型为分析孔隙结构、环境参数对初始可散发浓度的影响，进而掌握建材 VOC 的散发特性提供了理论依据。

2.4　环境舱实验测定与结果分析

由于本章主要关注室内建材 VOC 的散发特性，而室内建材内部孔径尺度大多为宏观孔及介观孔，因此压汞仪的孔径测量范围即可满足本实验对建材结构的测量要求。利用压汞实验获得建材的孔径分布及孔隙率等结构参数，代入上述宏-介观孔分离系数的计算模型中计算求解即可得到 K 的理论值。随后，在多气固比法的基础上进行改进，提出阶跃温度工况下散发关键参数的测量方法——连续温升多气固比法（CTR-VVL），进行密闭环境舱内的建材 VOC 散发实验，得到不同温度工况下 K 的实验数据。通过对 K 的理论计算值及实验数据的拟合对比，即可验证 K 的预测模型的准确性。

2.4.1　连续温升多气固比法原理

传统测定建材 K 与 C_0 的多气固比法[15]是基于质量守恒定律与亨利定律，通过测量多组气固比值及对应的环境舱内气相 VOC 平衡浓度值后，对实验数据进行线性拟合即可得到实验建材的分离系数与初始可散发浓度。

密闭环境内同一块建材的 VOC 散发，由于环境温度的不同，其气相平衡浓度值亦不相同。为研究不同温度情况下 VOC 的散发情况，多气固比法测量不同温度下的关键参数需针对每个温度工况更换一次建材。但是，即使同一种类的建材，不同建材样品间仍存在固有的差异，因此会对实验结果造成一定的误差。且两组工况间更换建材需要重新对环境舱进行清洁，延长了实验的时间。如何在保证实验精度的同时尽量缩短实验时间，下文在多气固比法的基础上对其进行了改进。

选取甲醛作为目标 VOC 进行浓度测量。由于甲醛的散发受温度影响较大，环境温度越高，其散发速率越快，密闭环境下的平衡浓度越高。根据甲醛的这个散发特性，可对同一块建材进行从低温到高温的多个温度下甲醛平衡浓度值的连续测量，待甲醛到达平衡浓度后，无需取出样品即可升温进行更高温度工况的测量。当一个气固比对应的多组温度工况全部测试完成后，此时再取出建材样品，对环境舱进行清洁，待本底浓度降到限值以下时，进行下一个气固比的测试。此方法即为连续温升多气固比法，其实验原理如图2-4所示。

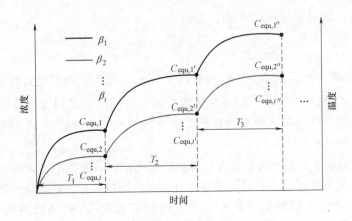

图 2-4　连续温升多气固比法原理图

该方法相比于多气固比法具有以下几个优点：

（1）同一块建材进行多个温度工况的测试，避免了不同建材样品间存在的固有差异性，减少了可能产生的误差。

（2）连续温升多气固比法以上一个较低温度工况的平衡浓度作为下一个较高温度工况的环境初始浓度值，在此基础上升温来达到相应温度下的平衡浓度，避免了多气固比法需要从环境浓度为零时缓慢散发至平衡状态，加快了到达平衡浓度的时间。

（3）原气固比法对单块建材进行完一个温度工况的测试后需清洁环境舱，待本底浓度降到限值以下时，再进行下一块建材的测试，本方法省去了同一气固比各工况之间的一系列准备工作，加快了实验进度。

（4）可对同一块建材进行所有温度工况的测试，期间无需更换新的材料，减少了材料的消耗量，降低了碳排放，符合节能环保的理念。

2.4.2　连续温升多气固比法实验结果

密度板与刨花板在生产的过程中需要使用大量的脲醛树脂及酚醛树脂以维持其结构及加工性能。甲醛作为脲醛树脂及酚醛树脂的主要原料，是室内空气污染的罪魁祸首。新装修房间的室内空气中存在大量的游离态甲醛，对生活和工作在其中的人群健康形成了巨大的威胁。人体与甲醛的主要接触途径为经呼吸道或皮肤接触，其可对人体产生刺激、致敏、致突变及神经毒性等毒害作用，甚至已被国际癌症研究署（IARC）确定为Ⅰ类致癌物[16]。因此本章选择甲醛作为目标VOC进行实验测定。

对密度板1、2、3及刨花板进行密闭环境舱中的甲醛散发实验，利用连续温升多气固比法对不同温度下的分离系数及初始可散发浓度进行测定。

实验开始后环境舱处于密闭状态，舱内相对湿度控制在 $45\% \pm 5\%$，对每个气固比样品分别测定 18℃、23℃、28℃、33℃四种温度工况下的甲醛散发情况。对应每种温度工况，待舱内甲醛平均浓度值前后 1h 变化不超过 1% 时，认为甲醛达到平衡浓度，此时即可提高环境舱温度至下一个工况，进行更高温度下甲醛的散发测试，直到一个样品的四种温度工况都完成后再更换样品，对环境舱进行清洁工作，待舱内甲醛浓度降至零时，进行新一轮的散发实验。对气固比 β 及甲醛的平衡浓度值的倒数 $1/C_{equ}$ 进行线性拟合，其结果如图 2-5 所示，各建材线性回归得到的可决系数均在 0.9 以上，拟合优度较高。说明在这四种建材的实验过程中，建材与空气接触表面固相与气相甲醛浓度满足亨利定律，两者间存在一个比值关系，即 K_m，由此证明了实验原理的前提假设成立。

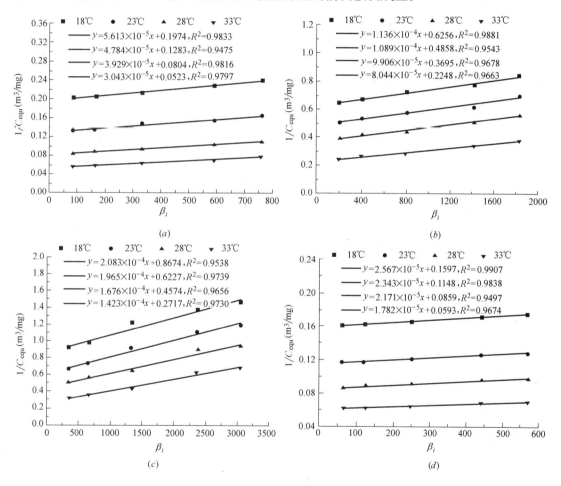

图 2-5　确定 C_{m0} 和 K_m 的线性拟合

(a) 密度板 1；(b) 密度板 2；(c) 密度板 3；(d) 刨花板

由线性拟合后的斜率及截距计算所得的 C_{m0} 和 K_m 如表 2-1 所示。随着温度的升高，分子平均动能的增加，原本处于束缚态的吸附质分子越过吸附相表面的势能壁垒而转换为可脱附分子，使得初始可散发浓度值 C_{m0} 逐渐增大，而分离系数 K_m 则随温度的升高呈降低趋势，两者的综合作用导致甲醛散发速率的加快及密闭环境下平衡浓度的上升。

建材种类	温度(℃)	C_{m0} ($\times 10^6 \mu g/m^3$)	K_m	R^2
密度板 1	18	17.814	3517	0.983
	23	20.905	2681	0.947
	28	25.454	2046	0.982
	33	32.858	1718	0.979
密度板 2	18	8.780	5505	0.988
	23	9.184	4461	0.954
	28	10.094	3729	0.968
	33	12.431	2795	0.966
密度板 3	18	4.800	4164	0.954
	23	5.090	3170	0.974
	28	5.968	2729	0.966
	33	7.027	1909	0.973
刨花板	18	38.953	6221	0.991
	23	42.688	4901	0.984
	28	46.055	3956	0.950
	33	56.126	3328	0.967

此外，为验证由连续温升多气固比法测得的 C_{m0} 的准确性，对实验数据与文献［2］提出的 C_{m0} 关于温度的关系式进行了拟合。文献［2］中提出的甲醛 C_{m0} 与温度满足如下的关系式：

$$C_{m0} = \frac{b}{\sqrt{T}} \exp\left(-\frac{a}{T}\right) \tag{2-32}$$

式中 a、b——常数。

利用上式对 CTR-VVL 法测量得到的 C_{m0} 实验数据与 T 进行拟合，其结果如图 2-6 所示。C_{m0} 的实验值与理论关系式呈现出较好的一致性，故由 CTR-VVL 法得到的 C_{m0} 实验数据是可靠的。

在环境舱实验中，随着甲醛的散发，建材内的甲醛浓度分布不断变化。为分析由于扩散系数较低造成的建材内部甲醛浓度分布不均匀对环境舱内平衡浓度的影响，此处以密度板 1 在 18℃时的散发过程为例，通过数值模拟方法对气固比为 82 时密度板 1 内的 VOC 浓度变化情况进行了计算。经过 15h，舱内甲醛平均浓度值前后 1h 变化不超过 1%，此时认为甲醛达到平衡浓度。密度板 1 内部的浓度分布如图 2-7 所示，经过 15h，其最高浓度与最低浓度相比误差为 5.62%，此时模拟得到的环境舱内气相平衡浓度为 $4931\mu g/m^3$。而到 30h 时，密度板内的甲醛浓度分布已基本达到均匀状态，建材中心与表面浓度之间的差异基本可以忽略，此时环境舱内的甲醛平衡浓度为 $4947\mu g/m^3$，与 15h 时甲醛的平衡浓度相比，误差为 0.32%，小于仪器的测量误差。对于其他建材样品的平衡浓度测量，因建材内部浓度分布不均匀导致的误差也均小于仪器的测量误差。因此该实验所用的平衡判据能够较为准确地反映出平衡状态，由此引起的误差可以忽略不计。

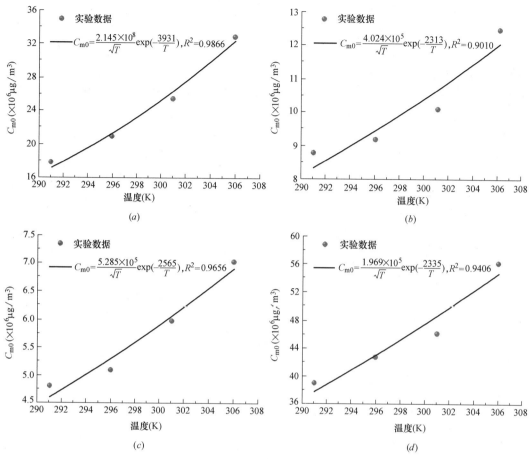

图 2-6 C_{m0} 的实验数据与理论模型的拟合

（a）密度板 1；（b）密度板 2；（c）密度板 3；（d）刨花板

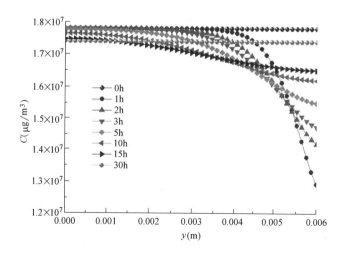

图 2-7 密度板 1 中的甲醛浓度分布

2.4.3 分离系数预测模型验证

由压汞实验得到的建材孔隙率分布可知，四种建材中宏观孔的孔隙率均占据主体部分，介观孔所占比例较小，各建材的总孔隙率为宏观孔与介观孔孔隙率之和，约占建材总体积的一半左右。由于微观孔径超出了压汞仪的测量范围，微观孔的孔隙率未在图中体现，但是基于上述对建材孔径分布的分析可以判断微观孔在建材内的比例极小。鉴于此，四种建材内孔隙表面的吸附过程均可采用 Freundlich 吸附公式描述，将建材的孔隙率代入式（2-15）即可对孔隙表面的分离系数进行理论预测。

通过连续温升多气固比法得到的 K_m 实验值及压汞实验得到的孔隙率 ϕ，利用单相介质传质模型与多孔介质模型间的参数转换关系将其转化为多孔介质传质模型中的 K 值，结果如表 2-2 所示。

各建材在不同温度下的分离系数 K   表 2-2

温度(℃)	密度板 1	密度板 2	密度板 3	刨花板
18	7977	10417	9339	10956
23	6081	8442	7110	8631
28	4640	7056	6120	6966
33	3896	5289	4281	5860

将表 2-2 中实验得到的 K 与理论模型进行拟合，即可得到理论模型中的未知量 m，由于式（2-15）的形式不能直接拟合，可将其转化为对数形式：

$$\ln K = \frac{1}{mRT}\ln\left(\frac{\phi RT}{VP_0}\right) \tag{2-33}$$

由式（2-33）可知，建材孔隙表面吸附相与气相吸附质之间的分离系数 K 不仅与温度有关，同时还与建材属性（如孔隙率等）及气相吸附质属性（如液相摩尔体积 $\overline{V}$ 及饱和蒸汽压 P_0 等）有关。甲醛的液相摩尔体积为 $3.681\times10^{-5}\,\mathrm{m^3/mol}$。甲醛的饱和蒸汽压力可通过 Antoine 公式拟合得到，其在 0～70℃ 范围内的表达式为：

$$P_0 = 133.3\exp\left(17.29 - \frac{2534}{T-16.75}\right) \tag{2-34}$$

将式（2-34）代入式（2-33）得到如下形式：

$$\ln K = \frac{\theta}{T}\left(\ln T + \frac{2534}{T-16.75} + \ln\phi - 9.852 + \tau\right) \tag{2-35}$$

式中，$\theta=1/mR$；考虑到水分子对甲醛有极强的亲和力，空气及建材含湿量波动对甲醛亲和力的变化会对甲醛气体的饱和蒸汽压力产生影响，因此引入 τ 修正该影响；将上式与不同温度下 K 的实验值拟合即可得到 θ 与 τ 的值，结果如图 2-8 所示。

由各建材分离系数的理论计算值与实验数据的拟合结果可见，理论模型与实验规律吻合得较好，可决系数均大于 0.95，理论模型的预测精度较高。根据拟合得到的分离系数 K 随温度 T 变化的关系式列于表 2-3 中，由此可对建材在其他温度下的分离系数进行预测。

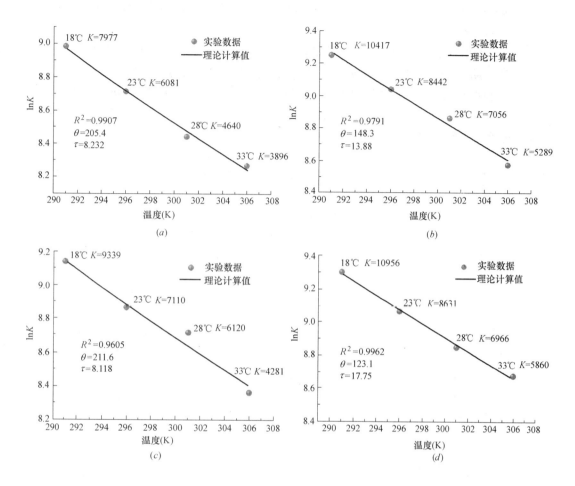

图 2-8　分离系数理论模型与实验值的拟合

（a）密度板 1；（b）密度板 2；（c）密度板 3；（d）刨花板

不同建材甲醛的 K 随温度变化的关系式　　　　　　　　　　　　　表 2-3

建材种类	K 随温度变化的关系式	R^2
密度板 1	$K=\exp\left[\dfrac{205.4}{T}\left(\ln T+\dfrac{2534}{T-16.75}-2.20\right)\right]$	0.9907
密度板 2	$K=\exp\left[\dfrac{148.3}{T}\left(\ln T+\dfrac{2534}{T-16.75}+3.28\right)\right]$	0.9791
密度板 3	$K=\exp\left[\dfrac{211.6}{T}\left(\ln T+\dfrac{2534}{T-16.75}-2.32\right)\right]$	0.9605
刨花板	$K=\exp\left[\dfrac{123.1}{T}\left(\ln T+\dfrac{2534}{T-16.75}+7.06\right)\right]$	0.9962

2.4.4　初始可散发浓度预测模型验证

　　为验证初始可散发浓度理论预测模型的准确性，本节对模型的理论预测值与实验数据进行了拟合对比。实验分为两个环节，首先仍采用上文中四种建材的压汞实验结果，对其孔径分布数据进行分析计算，获得不同孔径对应的吸附势能及其概率分布，代入式（2-31）中计算初始可散发浓度的理论值。其次，利用本章中 CTR-VVL 法求得的初始可散发浓度实验值，进行不同温度工况下的拟合对比，验证上述理论模型的准确性。

对前述实验中选用的三种密度板和一种刨花板进行孔径分布实验结果分析，通过式（2-28）计算建材宏-介观尺度孔隙内单个甲醛气体分子受到的吸附势能解析式。式（2-28）中的 P_0 为甲醛的饱和蒸汽压力，可由式（2-34）计算得到；m 的数值参照第 3 章分离系数拟合计算给出的结果，最终得到不同建材内的甲醛吸附势能解析式如表 2-4 所示。

不同建材内的甲醛吸附势能解析式　　　　　　　　　　　　表 2-4

建材	吸附势能解析式
密度板 1	$\varepsilon_i = \dfrac{1708}{N_A}\left[\ln T + \dfrac{2534}{T-16.75} + \ln\left(\dfrac{N_i V_i}{V_m}\right) - 1.620\right]$
密度板 2	$\varepsilon_i = \dfrac{1233}{N_A}\left[\ln T + \dfrac{2534}{T-16.75} + \ln\left(\dfrac{N_i V_i}{V_m}\right) + 4.028\right]$
密度板 3	$\varepsilon_i = \dfrac{1759}{N_A}\left[\ln T + \dfrac{2534}{T-16.75} + \ln\left(\dfrac{N_i V_i}{V_m}\right) - 1.734\right]$
刨花板	$\varepsilon_i = \dfrac{1023}{N_A}\left[\ln T + \dfrac{2534}{T-16.75} + \ln\left(\dfrac{N_i V_i}{V_m}\right) + 7.898\right]$

将压汞实验得到的孔径分布数据代入表 2-4 中各建材吸附势能解析式，即可计算得到各孔径对应的吸附势能及其概率分布，其结果如图 2-9 所示，需要注意的是图中的吸附势能是以 18℃ 为温度条件计算得到的。

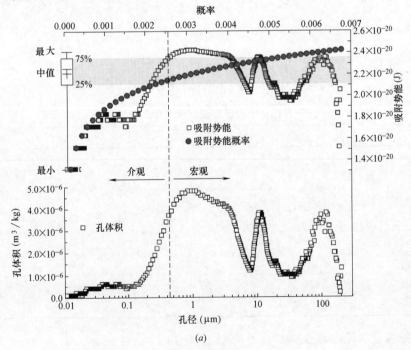

图 2-9　建材内吸附势能分布（一）

(a) 密度板 1

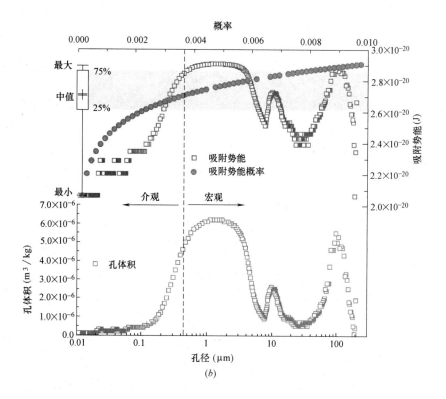

(*b*)

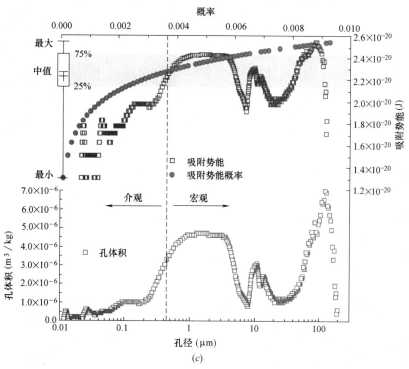

(*c*)

图 2-9　建材内吸附势能分布（二）

（*b*）密度板 2；（*c*）密度板 3

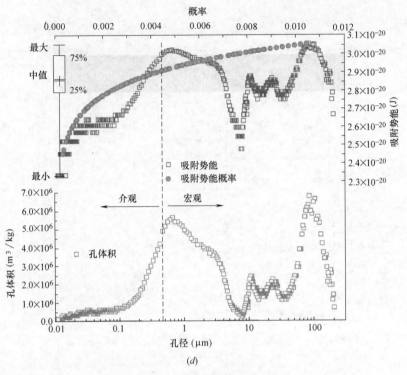

图 2-9　建材内吸附势能分布（三）

(*d*) 刨花板

　　如图 2-9 所示，各建材内吸附势能均存在着明显的差异，其最大值与最小值之间存在着两倍以上的差距，因此以吸附势能均值替代其波动特性是难以准确获得可散发部分比例的。在压汞实验可测量的宏-介观尺度范围内，吸附势能分布与孔径分布呈现出相同的变化趋势，孔径对应的孔体积越大，则吸附剂在该孔径作用下的吸附势能越大。分析该现象，其原因可能是单孔径对应孔体积的增加使得单位质量吸附剂中的吸附空间变大，而各吸附孔隙单元的间距缩小，吸附力场的分布密度增大，自由空间内吸附质分子到达吸附剂表面的距离缩小，从而导致在该孔径吸附力场作用下的整体吸附势能增大。从吸附势能的概率分布曲线可以发现，随着吸附势能的增加，其对应的概率也随之增大。而从吸附势能曲线左侧的盒图中可以发现，吸附势能的最小值与下四分位数之间覆盖了超过一半的吸附势能范围。建材内吸附势能概率分布的主体由宏观孔占据，介观尺度下的吸附势能主要集中于 25% 以下，且随着孔径的减小吸附势能与其对应的概率均呈递减趋势。

　　由于压汞实验无法测量微观尺度的孔隙结构，且微孔内的吸附机理不同于宏-介孔，其孔壁之间距离很近，吸附力场相互叠加，其吸附过程是由微孔填充的方式完成的，可由 Dubinin-Radushkevich 吸附等温式所描述[10]。微观孔内吸附质分子受到来自孔壁四周的 Van der Waals 色散力的叠加效应，故其吸附势能相较宏-介观尺度下的吸附势能更高。但常用多孔建材中微观孔所占比例极小，故若考虑微观孔的吸附势能分布律，在高于宏-介孔吸附势能的区域呈小概率分布，则建材整体的吸附势能分布可能会呈现偏高斯分布。建材内孔隙表面吸附势能的非均匀分布特性使得气体的脱附呈现出非均匀性，从而导致初始可散发浓度在建材内部呈现差异。然而，由于微观孔在建材内所占比例很小，出现高吸附势能的概率也十分小。且吸附势能越大，吸附质分子脱附所需的分子动能越大，脱附的比例则越小。因此，小比例的高吸附势能对建材内的可脱附比例的影响极小，可忽略其对初始可散发浓度的影响。基于上述定性分析，考虑到极少量微孔对建材整体初始可散发浓度的影响很小，本章未对微孔吸附势能进行计算。

为分析吸附势能与温度间的关系，对 23℃、28℃、33℃下的吸附势能进行计算，如图 2-10 及表 2-5 所示。温度升高可引起吸附势能的小幅下降，但是下降的幅度极小。这也与吸附势理论的要点一致，即吸附势能与温度无关，吸附势能与吸附体积的关系在任意温度下均相同[17]。吸附势能与温度的关联性较弱也说明了物理吸附的本质是色散力，因为在分子间的作用力中只有色散力与温度无关。因此，建材内吸附势能在不同温度下的分布规律基本保持不变，由温度变化引起的吸附质分子动能的变化直接影响了建材内初始可散发浓度。

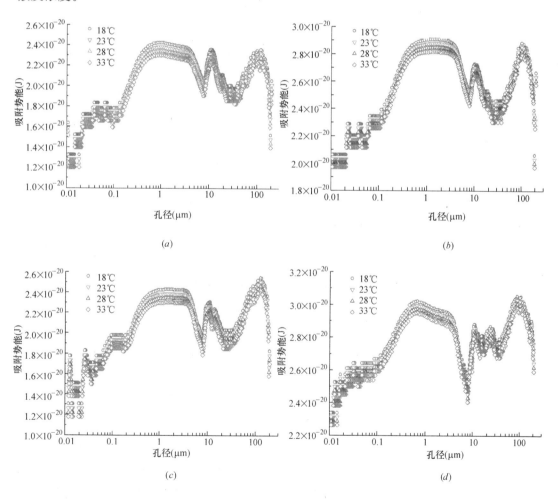

图 2-10 不同温度下吸附势能的分布
(a) 密度板 1；(b) 密度板 2；(c) 密度板 3；(d) 刨花板

温度 建材	18℃	23℃	28℃	33℃
密度板 1	2.206	2.164	2.124	2.085
密度板 2	2.715	2.685	2.655	2.627
密度板 3	2.246	2.203	2.161	2.120
刨花板	2.870	2.845	2.820	2.797

2.4.5　同系物间参数的推导预测

为进一步验证理论模型的准确性，对除甲醛外的另外四种醛类 VOC（乙醛、丙醛、戊醛、庚醛）的分离系数进行了计算。由于这四种醛类和甲醛互为同系物，其结构相似，具有相同的化学键和官能团，故可认为由建材与 VOC 属性共同决定的常数 θ 及 τ 对各醛类同系物均相同。使用 Antoine 方程对各醛类化合物的饱和蒸汽压进行计算[18]，其结果如表 2-6 所示。

不同醛类化合物液相摩尔体积与饱和蒸汽压　　　　表 2-6

VOC	液相摩尔体积（ml/mol）	饱和蒸汽压（Pa）
乙醛	56.17	$P_0 = 133.3\exp\left(15.86 - \dfrac{2284}{T-43.15}\right)$
丙醛	72.60	$P_0 = 133.3\exp\left(16.23 - \dfrac{2659}{T-44.14}\right)$
戊醛	106.33	$P_0 = 133.3\exp\left(16.16 - \dfrac{3030}{T-58.15}\right)$
庚醛	134.34	$P_0 = 133.3\exp\left(12.61 - \dfrac{1581}{T-161.3}\right)$

将各醛类的液相摩尔体积及饱和蒸气压计算公式代入式（2-33）得到其分离系数与温度之间的函数关系式，结果如表 2-7 所示。

不同醛类化合物 K 随温度变化的关系式　　　　表 2-7

VOC	K 随温度变化的关系式
乙醛	$K = \exp\left[\dfrac{\theta}{T}\left(\ln T + \dfrac{2284}{T-43.15} + \ln\phi - 8.668 + \tau\right)\right]$
丙醛	$K = \exp\left[\dfrac{\theta}{T}\left(\ln T + \dfrac{2659}{T-44.14} + \ln\phi - 9.476 + \tau\right)\right]$
戊醛	$K = \exp\left[\dfrac{\theta}{T}\left(\ln T + \dfrac{3030}{T-58.15} + \ln\phi - 9.788 + \tau\right)\right]$
庚醛	$K = \exp\left[\dfrac{\theta}{T}\left(\ln T + \dfrac{1581}{T-161.33} + \ln\phi - 6.469 + \tau\right)\right]$

将不同建材的 θ 及 τ 代入表 2-7 中醛类 VOC 的分离系数计算公式，即可对各建材中不同醛类化合物的分离系数进行计算，其结果如表 2-8 所示。

建材	VOC	18℃	23℃	28℃	33℃
密度板 1	甲醛	7864	6124	4770	3790
	乙醛	17854	13494	10405	8022
	丙醛	30333	22026	16647	12457
	戊醛	119372	81634	57526	40946
	庚醛	373249	230960	148747	98716
密度板 2	甲醛	10615	8434	6768	5486
	乙醛	19149	14913	11849	9414
	丙醛	28001	21375	16482	12965
	戊醛	75358	54721	40538	30333
	庚醛	171099	115844	80822	57526
密度板 3	甲醛	9414	7259	5653	4492
	乙醛	21807	16482	12582	9701
	丙醛	37798	27447	20333	15214
	戊醛	154817	105873	73130	52052
	庚醛	498820	308661	194853	128027
刨花板	甲醛	10829	8691	7044	5768
	乙醛	17677	14045	11271	9045
	丙醛	24343	18958	14913	11849
	戊醛	55271	41357	31571	24101
	庚醛	109098	76880	55826	40946

为验证对同系物分离系数预测的准确性，与文献［19］提出的分离系数预测公式 $\ln K = a\overline{V} + b$ 进行线性拟合，结果如图 2-11 所示。四种建材中各醛类 VOC 的 $\ln K$ 与液相摩尔体积 $\overline{V}$ 呈现出很好的线性关系，可决系数均在 0.97 以上，用本章提出的同系物分离系数计算模型得到的理论值符合文献［19］提出的分离系数预测公式，且在其基础上对温

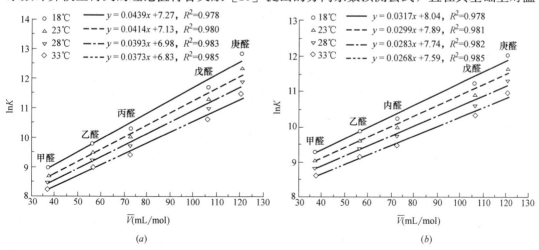

图 2-11　$\ln K$ 与 $\overline{V}$ 的线性回归（一）

（a）密度板 1；（b）密度板 2

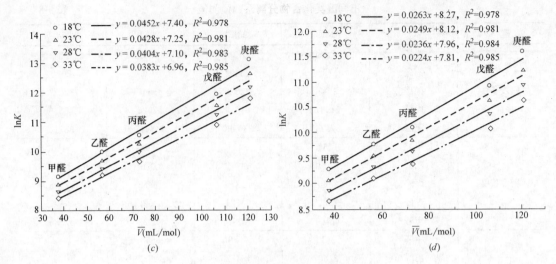

图 2-11　$\ln K$ 与 $\overline{V}$ 的线性回归（二）

（c）密度板 3；（d）刨花板

度、建材孔隙结构对分离系数的作用机理有了更为深入的研究。利用该方法，在已知某种 VOC 的分离系数表达式后，可对相同建材内该 VOC 的同系化合物分离系数进行理论预测，极大地提高了对多种 VOC 分离系数预测的效率。

对各醛类化合物的分离系数进行分析可以发现，液相摩尔体积越大，则其分离系数越大。各醛类化合物的分离系数均随着温度的升高而减小，且化合物的液相摩尔体积越大，其分离系数对温度的变化越为敏感。升高相同温度，庚醛的分离系数下降幅度最大，而甲醛的下降幅度则相对最小。因此，$\ln K$ 与 $\overline{V}$ 的拟合直线斜率随着温度的上升而不断下降。

由于不同醛类同系间结构相似，具有相同的化学键和官能团，可利用醛类同系物间分离系数的表达式推导得到其吸附势能的解析式，如表 2-9 所示。对乙醛、丙醛、戊醛和庚醛的吸附势能分别进行了推导，利用本章不同建材内的 θ 和 τ 的拟合结果，可对不同醛类的吸附势能进行理论计算。

不同醛类化合物吸附势能的解析式　　　　　　　　　　　　　表 2-9

VOC	单个气体分子的吸附势能解析式
乙醛	$\varepsilon_i = \dfrac{\theta R}{N_A}\left(\ln T + \dfrac{2284}{T - 43.15} + \ln\left(\dfrac{N_i V_i}{V_m}\right) - 8.668 + \tau\right)$
丙醛	$\varepsilon_i = \dfrac{\theta R}{N_A}\left(\ln T + \dfrac{2659}{T - 44.14} + \ln\left(\dfrac{N_i V_i}{V_m}\right) - 9.476 + \tau\right)$
戊醛	$\varepsilon_i = \dfrac{\theta R}{N_A}\left(\ln T + \dfrac{3030}{T - 58.15} + \ln\left(\dfrac{N_i V_i}{V_m}\right) - 9.788 + \tau\right)$
庚醛	$\varepsilon_i = \dfrac{\theta R}{N_A}\left(\ln T + \dfrac{1581}{T - 161.33} + \ln\left(\dfrac{N_i V_i}{V_m}\right) - 6.469 + \tau\right)$

以密度板 1 为例，计算 18℃时各醛类在建材内部的吸附势能分布情况，其结果如图 2-12 所示。醛类同系物吸附势能随孔径分布变化的规律一致，但是其大小存在明显的差

42

异。分析原因，主要是由不同醛类间液相摩尔体积差异造成的，液相摩尔体积越大，则该醛类化合物分子受到的吸附势能越大，甲醛与庚醛的平均吸附势能相差约 2 倍。图 2-13 为各醛类化合物平均吸附势能与液相摩尔体积的线性拟合，其可决系数接近 1，同系物间吸附势能与液相摩尔体积呈线性关系。因此，对于同一吸附剂在相同温度下，甲醛分子相比其他醛类化合物更容易从吸附剂表面脱附，而庚醛则最难脱附。甲醛的易脱附特性也从一定程度上解释了为何甲醛在室内空气污染物中广泛存在。在此基础上，通过与初始可散发浓度实验数据的拟合对比，可完成对建材内醛类化合物的初始可散发浓度理论预测。该方法原则上亦可推广至所有 VOC 同系物间的初始可散发浓度预测过程，可高效地完成对建材内多种 VOC 初始可散发浓度的同时预测。

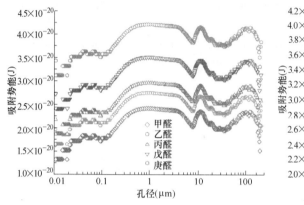

图 2-12　密度板 1 中不同醛类化合物的吸附势能分布

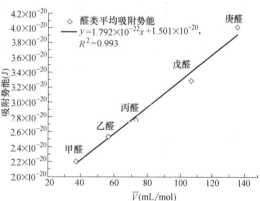

图 2-13　密度板 1 中不同醛类化合物的吸附势能与 $\overline{V}$ 的线性拟合

本章参考文献

[1]　Y. Zhang，X. Luo，X. Wang，K. Qian，R. Zhao. Influence of temperature on formaldehyde emission parameters of dry building materials. Atmos. Environ，2007，41：3203-3216.

[2]　S. Huang，J. Xiong，Y. Zhang，Impact of temperature on the ratio of initial emittable concentration to total concentration for formaldehyde in building materials：theoretical correlation and validation，Env. Sci Technol，2015，49：1537-1544.

[3]　Y. Liu，X. Zhou，D. Wang，C. Song，J. Liu. A prediction model of VOC partition coefficient in porous building materials based on adsorption potential theory. Build. Environ，2015，93：221-233.

[4]　李云松. 大孔树脂吸附处理水中氯仿的研究. 成都：四川大学，2005.

[5]　赵振国. 吸附作用应用原理. 北京：化学工业出版社，2005.

[6]　赵振国. 应用胶体与界面化学. 北京：化学工业出版社，2008.

[7]　Polanyi M. The potential theory of adsorption. Sci. 1963，141：1010.

[8]　M. M. Dubinin，E. D. Zaverina，D. P. Timofeyev. Sorption and structure of active carbons. VI. The structure types of active carbons，Zhur. Fiz. Khim，1949，23：1129-1140.

[9]　白书培. 临界温度附近 CO$_2$ 在多孔固体上吸附行为的研究. 天津：天津大学，2003.

[10]　M. M. Dubinin，L. V Radushkevich. On the characteristic curve equation for active carbons. Dokl. Akad. Nauk SSSR，Ser. Khim. 1947，55：331.

[11]　S. S. Cox，J. C. Little，A. T. Hodgson. Measuring concentrations of volatile organic compounds in vi-

nyl flooring. , J. Air Waste Manage. Assoc, 2001, 51: 1195-1201.

[12] 吴剑峰, 吴瑞贤. 理想气体分子按平动能分布的极值问题. 大学物理, 2005, 24: 3-4.

[13] 朱埗瑶, 赵振国. 界面化学基础. 北京: 化学工业出版社, 1996.

[14] 高然超. 基于吸附势理论的构造煤甲烷吸附/解吸规律研究. 焦作: 河南理工大学, 2012.

[15] J. Xiong, W. Yan, Y. Zhang. Variable volume loading method: A convenient and rapid method for measuring the initial emittable concentration and partition coefficient of formaldehyde and other aldehydes in building materials. Environ. Sci. Technol, 2011, 45: 10111-10116.

[16] 程学美. 甲醛-DNA 加合特性及其易感性生物标志物的研究. 济南: 山东省医学科学院, 2007.

[17] Mm. Dubinin. The potential theory of adsorption of gases and vapors for adsorbents with energetically nonuniform surfaces. Chem. Rev, 1960, 60: 235-241.

[18] C. L. Yaws, H. C. Yang, 史新辉. 700 种主要有机化合物的蒸汽压数据. 化工设计, 1990, (4): 42-59.

[19] X. Wang, Y. Zhang, J. Xiong. Correlation between the solid/air partition coefficient and liquid molar volume for VOCs in building materials. Atmos. Environ. 2008, 42: 7768-7774.

第3章 建材内部气体扩散传质特性

3.1 概　述

　　扩散系数表征气体分子在建材内部由于浓度梯度的作用扩散至建材表面的传质过程。如何科学地确定扩散系数是预测气体散发特性的关键,合理地评价建材结构对气体扩散的影响是准确求解扩散系数的根本。传统实验研究方法得到的扩散系数仅适用于实验工况,难以从中剖析出建材结构参数等主控因素对扩散系数的作用机理。现有的扩散系数理论分析模型对建材结构的表征应用大量的简化处理,以理想化的单一结构模型来代替多孔建材孔隙结构,与实际复杂多变的多孔介质形态存在较大的差异。

　　本章通过对代表性室内装修建材的扫描电子显微镜观测及压汞实验,分析其宏-介观尺度孔径分布及连接特征,引入分形几何理论,建立了预测多孔建材扩散系数的多级串联宏观分形毛细管束模型,模型中包含详细的孔隙结构特征参数,为深入分析气体分子在多尺度孔隙中的扩散机理提供途径。最后,结合环境舱的建材 VOC 散发实验对理论模型的预测精度进行了验证与探讨。

3.2　建材孔隙结构剖析及扩散系数物理模型

3.2.1　建材孔隙结构及气体传质路径

　　多孔建材具有十分复杂的微观结构特征,其内部孔径范围横跨多个数量级,由孔隙尺度不同所引起的气体扩散规律亦有所差异。根据努森数 K_n(分子平均自由程与孔径的比值)可将多孔介质内的孔隙分为三类:宏观孔、介观孔、微观孔,其对应的气体扩散类型分别为分子扩散、过渡扩散、努森扩散。而表面扩散存在于吸附质分子从一个吸附位到另一个吸附位的迁移过程中,Treybal[1]指出表面扩散相比于分子扩散及努森扩散小几个数量级,表面扩散对于传质的贡献在这种条件下可以忽略。

　　对于宏观孔,其努森数 $K_n \leqslant 0.1$,分子扩散系数可表示为[2]:

$$D_{AB} = \frac{0.001 T^{1.75}(1/M_A + 1/M_B)^{1/2}}{P_t \left[(\sum v)_A^{1/3} + (\sum v)_B^{1/3} \right]^2} \tag{3-1}$$

式中　　T——热力学温度,K;

　　　　P_t——系统总压力,atm;

M_A 和 M_B——分别为组元 A 和 B 的分子质量;

　　　　$\sum v$——分子扩散容积。

　　对于微观孔,其努森数 $K_n \geqslant 10$,努森扩散系数可表示为[3]:

$$D_K = \frac{1}{3}\lambda_i \sqrt{\frac{8RT}{\pi M}}$$ (3-2)

式中 λ_i——孔隙的等效直径，m。

对于介观孔，其努森数 $0.1 < K_n < 10$，过渡扩散系数 D_L可由下式计算[3]：

$$D_L = \frac{1}{1/D_{AB} + 1/D_K}$$ (3-3)

多孔建材内的孔隙结构极为复杂，为准确描述多孔建材内的孔隙分布规律，建立一个合理的扩散系数预测模型，对市面上室内装修常用的两种建材——密度板和刨花板进行研究。密度板主要用于生产家具、地板、隔墙等，其生产过程木质纤维或植物纤维作为原材料，经过纤维分离、施胶、干燥、成型、热压等工序制成。刨花板则是将木材或其他植物加工成刨花或碎料，施加胶粘剂等添加剂热压而制成，其剖面类似蜂窝状。上述两种建材在加工过程中均使用了大量的脲醛树脂或胶粘剂，导致其内部含有大量的游离态 VOC 分子，严重影响了室内空气质量。利用扫描电子显微镜对这两种建材的微观结构进行观测，分别得到其横截面及纵切面的结构形态如图 3-1 所示。

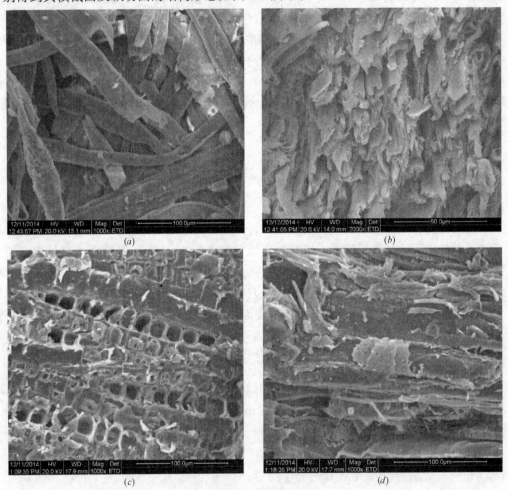

图 3-1   建材扫描电镜图像

(a) 密度板横截面；(b) 密度板纵切面；(c) 刨花板横截面；(d) 刨花板纵切面

46

密度板与刨花板内部结构的具体形态有所不同。密度板横截面图像［见图 3-1（a）］显示了其纤维交织而成的网状结构，纤维相互交叉搭接形成了许多孔隙，这些孔隙在横截面上的分布稍显杂乱，不易发现几何形态上的统一；密度板的纵切面图像［见图 3-1（b）］显示了这些孔隙在板材厚度方向上的延伸情况，各纤维端面之间的孔隙相互贯穿连通，形成一系列穿越建材的传质孔道，这些孔道在厚度方向上蜿蜒前行，其孔径也是不断变化的，最后延伸贯穿至建材的表面。

刨花板内部为交叉错落结构的颗粒状，颗粒横截面如图 3-1（c）所示，可以发现其表面由众多排列较为规则孔道组成，这些孔道其实就是木质部的输导结构——管胞，图 3-1（d）则为管胞轴向被剖开后的图像，可以较为直观地展现出其纵向的传质孔道。刨花板内木质颗粒的无规则散布使得相邻颗粒间形成堆积孔隙，这些堆积孔隙与颗粒内部的管胞结构共同构成了刨花板内的传质通道。

对上述两种代表性室内建材复杂的孔隙结构进行观测及分析后可归纳得到以下结构特征：宏观孔相互连通构成建材内部主要的孔隙网络，这些孔隙网络即为气体扩散的主传质路径，各传质路径在传输方向上迂回前进，其孔径也是不断变化的；而介观孔则主要存在于各主传质路径之间，将宏观孔组成的传质路径相互连接，最后形成一套完整的由宏观孔承担主要传质通量、介观孔为辅的传质网络。

3.2.2 多级串联宏观分形毛细管束模型

基于上述分析，可将多孔建材内的传质通道等效为一束并联的毛细管。对于其中的单根毛细管来说，其轴向由不同孔径的宏观孔串联组成。压汞实验得到建材内的孔径分布规律，由各孔径对应的孔体积可计算出其对应的管道长度，将宏观孔不同孔径的管段长度平均分配至每根串联毛细管上，得到的各独立毛细管的总管道长度及传质阻力是一致的。但每根毛细管轴向的宏观孔串联顺序是无序的，因此并联毛细管束在同一横截面上的孔径分布具有随机性。在这无序和随机的现象背后，存在着某种特定的规律性，这种规律性可用分形理论予以表述，故本模型中宏观毛细管束在同一截面上的孔径分布服从分形幂规律。此外，迂曲度与孔径的关系亦可用分形理论进行分析，可以得到各宏观毛细管段对应的迂曲度。对一根独立的串联毛细管来说，其迂曲度是随着毛细管孔径的变化而变化的，这区别于其他扩散系数模型认为迂曲度为一单值的假设。对于介观孔，其与宏观孔的连接方式可分为两类：一类存在于相邻毛细管束之间，使原本彼此孤立的毛细管相互连接；另一类则存在于同一毛细管的不同轴向管段之间，使宏观孔管段间形成介观孔的并联旁路。介观孔之间的相互连接无法形成一个直接穿透建材的传质路径，其必须通过宏观孔才能到达建材表面。如图 3-2 所示，此模型即为多级串联宏观分形毛细管束（Multistage Series-connection Fractal Capillary-bundle，MSFC）模型[4]。

为了与经典的扩散系数模型进行更直观的对比，此处还列出了 Blondeau 模型[5]和 Xiong 模型[6]的示意图，分别如图 3-3 和图 3-4 所示。其中 Blondeau 模型是由不同孔径的孔隙平行并联而成的，图 3-3 中表征体元定性表示出了宏观孔与介观孔的并联情况，由于传质阻力的巨大差异，各传质管束间传质通量也存在很大的差别，最终的传质通量由大孔径的孔道所控制，未充分考虑传质孔道的孔径变化特性。Zheng 等[7]提出的毛细管束模型示意图与 Blondeau 模型类似，区别在于毛细管束模型中不同毛细管直径服从分形特征，但是其与 Blondeau 模型一样存在传质通量主要由大孔径毛细管所承担，忽略传质通道的孔径变化会对传质通量预测过大。Xiong 模型分别对多孔建材内的宏观孔及介观孔求得其平均孔径，其表征体元由平均孔径的宏、介观孔串联得到。图 3-4 所示代表体元仅为定性描述，实际宏观孔与介观孔之间的平均孔径及管长的差异比示意图中更为显著。由于介观孔传质阻力远大于宏观孔，因此 Xiong 模型的扩散传质通量受制于介观孔，未考虑到宏观孔直接穿透建材的情况。

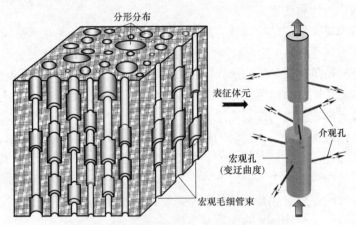

图 3-2　多级串联宏观分形毛细管束模型

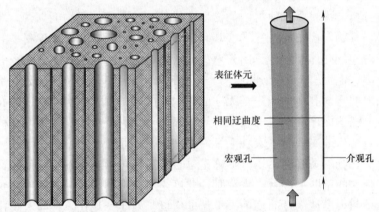

图 3-3　Blondeau 模型

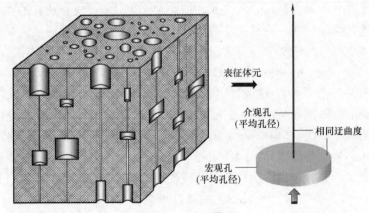

图 3-4　Xiong 模型

48

3.2.3　简化物理模型

在主传质路径上，宏观孔毛细管束的扩散方向是确定的，即由高浓度区域向低浓度区域扩散。对于双面散发的建材，宏观毛细管束内的气体由建材厚度中部的高浓度区域向两侧表面的低浓度区域扩散；而介观孔内的扩散传质方向则比宏观孔复杂得多，由于介观孔两端的浓度差难以判定，介观孔内的传质方向存在瞬时变化的特性。通过第 3.4.1 节的压汞实验发现，介观孔体积占总孔体积的比例甚小，其平均传质阻力却比宏观孔大多个数量级，且介观孔不处在主要的传质路径上，故建立数学模型时为简化计算忽略了介观孔传质通量的影响，只对宏观毛细管束计算其扩散系数，其简化物理模型如图 3-5 所示。

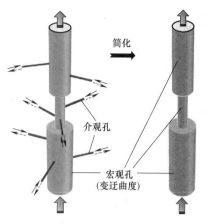

图 3-5　模型简化示意图

3.3　扩散系数的分形分析与数学表征

3.3.1　预测有效扩散系数的 MSFC 模型

为计算各孔径对应毛细管段的迁曲度，本模型首先对分形毛细管束的孔面积分形维数 d_p 进行计算[8]：

$$d_p = 2 - \frac{\ln\phi_s}{\ln(\lambda_{min}/\lambda_{max})} \tag{3-4}$$

式中　λ_{min}——宏观孔范围内的最小直径，m；

　　　λ_{max}——宏观孔范围内的最大直径，m；

　　　ϕ_s——面孔隙率，其与体孔隙率的转换关系为：$\phi_s = \bar{\tau}\phi_v$[9]，其中，$\phi_v$ 为宏观孔的体孔隙率；

　　　$\bar{\tau}$——分形毛细管束的平均迁曲度，其计算公式为：$\bar{\tau} = 1 - 0.63\ln\phi_v$[10]。

分形毛细管束模型中传质孔道的迁曲度分形维数 d_t 被定义为[11]：

$$d_t = 1 + \frac{\ln\bar{\tau}}{\ln\frac{L_0}{\bar{\lambda}}} \tag{3-5}$$

式中　L_0——沿着流动方向毛细管道的特征长度，其计算公式为：$L_0 = \left[\frac{1-\varepsilon}{\varepsilon}\frac{\pi d_p\lambda_{max}^2}{4(2-d_p)}\right]^{1/2}$；

　　　$\bar{\lambda}$——平均毛细管直径，其可表示为：$\bar{\lambda} = \frac{d_p\lambda_{min}}{d_p-1}$。

对于单一孔径对应的宏观毛细管段，其管段迁曲度可表述为：

$$\tau_i = \left(\frac{L_0}{\lambda_i}\right)^{D_t-1} \tag{3-6}$$

由于毛细管的迁曲效应，单一孔径毛细管段内的扩散系数可由下式修正[12]：

$$D_{Ti} = \frac{D_i}{\tau_i^2} \tag{3-7}$$

式中 D_i——直管道中气体的扩散系数，m^2/s。

在 MSFC 模型中，毛细管段的孔径均位于宏观范围内，因此 D_i 应以式（3-1）宏观孔内的分子扩散系数 D_{AB} 计算。

不同孔径的宏观毛细管段串联后得到单根串联毛细管，其总传质阻力 R_t 为：

$$R_t = \sum \frac{L_i}{A_i D_{Ti}} = \sum \frac{V_i}{A_i^2 D_{Ti}} \tag{3-8}$$

式中 L_i——各孔径对应的毛细管段长度，m；

A_i——各毛细管段的截面积，m^2；

V_i——各毛细管段的孔体积，m^3。

由平均扩散系数亦可等效得到单根串联毛细管的传质阻力：

$$R_t = \frac{\sum L}{A_m D_r / \overline{\tau}^2} = \frac{\left(\sum \frac{V_i}{A_i} \overline{\tau}\right)^2}{V_t D_r} \tag{3-9}$$

式中 $\sum L$——所有毛细管段的总长度，m；

A_m——串联毛细管的平均截面积，m^2；

D_r——串联毛细管的平均扩散系数，m^2/s；

V_t——串联毛细管的总孔体积，m^3。

因此，单根串联毛细管内的平均扩散系数 D_r 可由式（3-8）、式（3-9）联立求出：

$$D_r = \frac{\left(\sum \frac{V_i}{\lambda_i^2} \overline{\tau}\right)^2}{\left(\sum \frac{V_i}{\lambda_i^4 D_{Ti}}\right) V_t} \tag{3-10}$$

至此，考虑到各毛细管在同一截面上的孔径服从分形特征，即可对各独立毛细管并联后组成的毛细管束以分形几何理论处理。式（3-10）求出的是直孔道中的平均扩散系数，考虑迂曲度对气体扩散的影响，对单根毛细管的气体扩散系数可修正为：

$$D_T = \frac{D_r}{\tau^2(\lambda)} = \frac{D_r}{\left(\frac{L_0}{\lambda}\right)^{2D_t - 2}} \tag{3-11}$$

式中 λ——毛细管截面直径，m。

根据 Fick 定律，通过一组并联毛细管束的扩散传质通量可表述为[13]：

$$Q = \frac{A_t D_e \Delta C}{L_0} \tag{3-12}$$

式中 A_t——多孔介质的总截面积，其表达式为 $A_t = \frac{\pi d_p \lambda_{max}^2}{4\epsilon_s (2-d_p)} \left[1 - \left(\frac{\lambda_{min}}{\lambda_{max}}\right)^{2-d_p}\right]$[11]，$m^2$；

D_e——有效扩散系数，m^2/s；

ΔC——多孔介质两端的浓度梯度，mg/m^3。

对于单根毛细管的气体扩散通量，则可表示为：

$$q(\lambda) = \frac{A(\lambda) D_T \Delta C}{L(\lambda)} \tag{3-13}$$

其中，$A(\lambda) = \pi(\lambda/2)^2$，为毛细管在某一截面上的截面积，$m^2$；$L(\lambda) = \lambda^{1-dt} L_0^{dt}$，为毛细管长度[14]，m。

通过对一组分形毛细管束范围内的扩散通量进行积分，即为总扩散通量：

$$Q = -\int_{\lambda_{\min}}^{\lambda_{\max}} q(\lambda) \mathrm{d}N \tag{3-14}$$

式中 N——孔径不小于 λ 的孔隙数量，其表达式为 $N = \left(\dfrac{\lambda_{\max}}{\lambda}\right)^{d_p}$ [15]。

联立式（3-12）、式（3-14），可得到有效扩散系数 D_e 的表达式为：

$$D_e = \frac{\pi D_r d_p \lambda_{\max}^{d_p} (\lambda_{\max}^{3d_t - d_p - 1} - \lambda_{\min}^{3d_t - d_p - 1})}{4A_t L_0^{3d_t - 3}(3d_t - d_p - 1)} \tag{3-15}$$

上式即为基于宏观分形毛细管束模型得到的多孔建材有效扩散系数解析式，该式建立了气体有效扩散系数与建材结构间的关系，式中各参数均有明确物理意义，以实验手段对建材结构进行表征即可对其内部的扩散系数进行理论预测。

3.3.2 多孔介质传质解析模型

将上述求得的有效扩散系数代入建材散发解析模型以获得室内 VOC 的浓度变化状况，从而预测不同环境及状态下的散发特性。建立图 3-6 所示的建材的双面散发解析模型，作如下假设：（1）建材所处室内空间的空气充分混合，气相VOC 浓度均匀；（2）建材表面气流速度均匀，其对流传质系数在散发过程中为常数；（3）建材厚度较薄，其传质默认仅在一维厚度方向进行，由于建材两侧的散发情况相同，因此认为两侧对称，建材中间为绝质边界，做单侧散发的简化处理。

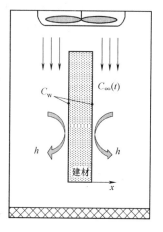

图 3-6 密闭环境舱内建材双面散发示意图

描述多孔介质内部气体扩散的质量平衡方程为：[6,16]

$$\phi \frac{\partial C_g}{\partial t} + (1-\phi)\frac{\partial C_{ad}}{\partial t} = \phi D_g \frac{\partial^2 C_g}{\partial x^2} + (1-\phi)D_{ad}\frac{\partial^2 C_{ad}}{\partial x^2} \pm g(x, t) \tag{3-16}$$

式中 ϕ——多孔介质的总孔隙率；

C_g——气相 VOC 浓度，mg/m^3；

C_{ad}——吸附相 VOC 浓度，mg/m^3；

t——时间，s；

x——垂直于材料表面方向的坐标轴，m；

D_g——孔内气相 VOC 扩散系数，m^2/s；

D_{ad}——吸附相表面 VOC 扩散系数，m^2/s；

$g(x, t)$——二次源/汇强度，$mg/(m^3 \cdot s)$。

由于表面扩散系数相比于分子扩散及努森扩散系数要小几个数量级，故表面扩散项可忽略[17,18]。同时不考虑建材的二次源/汇作用，此时由空间和时间确定的 $g(y, t)$ 也可忽略。

孔隙表面的吸附相浓度和气相的吸附质浓度间存在着一个等温吸附关系，因为建材内部的 VOC 浓度及空气中的 VOC 浓度均远低于饱和浓度，故此关系可用亨利定律描述[19]：

$$C_{ad} = KC_g \qquad (3\text{-}17)$$

ϕD_g 可定义为式（3-15）求得的有效扩散系数 D_e，则式（3-16）可表示为：

$$\left[\phi + (1-\phi)K\right]\frac{\partial C_g}{\partial t} = D_e \frac{\partial^2 C_g}{\partial x^2} \qquad (3\text{-}18)$$

在固体表面与气体的接触面上，其对流传质过程可用第三类边界条件描述：

$$-D_e \frac{\partial C_g}{\partial x} = h\left[C_w(t) - C_\infty(t)\right] \qquad (3\text{-}19)$$

式中　h——建材表面对流传质系数，m/s；

　　　C_w——建材—空气接触面上的 VOC 浓度，mg/m³；

　　　$C_\infty(t)$——环境舱中的气相 VOC 浓度，mg/m³。

由于建材双面对称，则在厚度方向的中间截面上认为没有质量传递：

$$\frac{\partial C_g}{\partial x} = 0 \qquad (3\text{-}20)$$

假设建材内 VOC 初始浓度分布均匀：

$$C_g\big|_{t=0} = C_0 \qquad (3\text{-}21)$$

此时，具有初始可散发浓度的建材可认为是一个散发源，其向环境空气中散发 VOC 气体[20]。

对于密闭空间 VOC 散发的浓度平衡方程可由下式表示：

$$\frac{\mathrm{d}C_\infty(t)}{\mathrm{d}t}V_a = Ah\left[C_w(t) - C_\infty(t)\right] \qquad (3\text{-}22)$$

式中　V_a——密闭空间体积；

　　　A——建材散发表面面积。

通过数值方法求解式（3-18）～式（3-22），即可得到密闭空间内 VOC 浓度 $C_\infty(t)$ 的变化规律。

3.4　孔隙结构测定及模型预测精度分析

3.4.1　建材孔隙结构测定与分析

对室内装饰装修材料进行市场调查后，确定实验对象选用室内装修常见的三种密度板和一种刨花板。本实验选择的三种密度板均为中密度板，厚度分别为 12mm、5mm、3mm，密度分别为 790kg/m³、743kg/m³、735kg/m³；刨花板厚度为 15mm；密度为 665kg/m³。

由于汞对固体表面的非浸润特性，压汞法利用这一特性对材料的孔径进行测定，通过一定压力将汞压入材料的孔隙中以克服毛细阻力，某孔径的孔隙充满汞所需的压力可作为表征孔径尺寸的一种量度，通过进汞体积和施加的压力即可计算其孔径分布状况[21]。测定多孔介质的孔隙结构，需对其孔道的几何形状设定对应的物理模型，如圆柱孔、板隙孔、球堆积和无模型[22,23]。本书采用目前比较常用且被认可的圆柱形孔隙模型，该模型假设多孔材料内部的孔隙均为圆柱形，且所有孔隙延伸至材料表面，即均为开口孔隙。这与本书建立的多级串联宏观分形毛细管束模型具有相同的特征。瓦什伯恩（Washburn）公式基于圆柱形孔隙模型建立了注入汞所需的压力和孔隙直径之间的关系：

$$\lambda = -4\gamma\cos\omega / P_\mathrm{m} \tag{3-23}$$

式中 γ——汞的表面张力，N/m；

ω——汞和材料表面的接触角，°；

P_m——注入汞的施加压力，Pa。

对上式分析可得，在 γ 和 ω 为固定值的前提下，随着进汞压力的逐渐增大，汞可进入的孔隙直径会不断缩小，通过连续改变压力，测量单位质量试样在不同孔径中的汞体积，即可得到孔径分布[24]。

压汞实验采用美国康塔仪器公司生产的 PoreMaster 60GT 系列压汞仪，其测量孔径范围为 0.0036～950μm，配置两个低压分析站和一个高压分析站，压力传感器范围 0～50psia 时，对应分析孔径范围为 950～4.26μm，准确性 ±0.11% fso，分辨率：0.000763psia；压力传感器范围为 0～1500psia 时，对应分析孔径范围为 10.66～0.142μm，准确性±0.11%fso，分辨率 0.0229psia；压力传感器范围为 0 至最大时，对应分析孔径范围为 10.66～0.0036μm，非线性±0.05%fso，滞后± 0.10 % fso，分辨率 0.916psia。该压汞仪可满足本实验对建材孔隙结构参数测量的要求。

使用分形理论研究多孔建材孔隙结构和形态之前，首先需对材料结构是否具有统计自相似的分形特征进行验证。当建材的孔隙服从分形标度律，即孔径分布在一个范围内满足标度不变，分形介质的孔径与对应的孔隙数量满足如下关系式[15]：

$$N(\lambda) = \left(\frac{\lambda_\mathrm{max}}{\lambda}\right)^{d_\mathrm{f}} \tag{3-24}$$

式中 $N(\lambda)$——孔径不小于 λ 的孔隙数量；

d_f——体积分形维数。

由于压汞实验的得到孔径分布数据是离散的，且建材内的孔隙数目十分巨大，因此，将式（3-24）视为连续可微分函数，可使用微积分计算及分析相应的数学问题。单个孔径对应的孔隙数量可由下式计算得到：

$$n(\lambda_i) = \frac{4V_i}{\pi\lambda_i^3} \tag{3-25}$$

式中 $n(\lambda_i)$——孔径为 λ_i 时对应的孔数量。

孔径不小于 λ_i 时的累计孔数量为：

$$N(\lambda_i) = \sum_{\lambda_i}^{\lambda_\mathrm{max}} n(\lambda_i) = \sum_{\lambda_i}^{\lambda_\mathrm{max}} \frac{4V_i}{\pi\lambda_i^3} \tag{3-26}$$

为方便拟合得到体积分形维数 d_f，对式（3-26）等式两侧进行对数变化：

$$\ln N(\lambda_i) = d_\mathrm{f}\ln\lambda_\mathrm{max} - d_\mathrm{f}\ln\lambda_i \tag{3-27}$$

将压汞实验得到的宏观孔范围内的孔径及对应孔隙数量代入式（3-27）中，其拟合结果如图 3-7 所示。四种建材的 $N(\lambda)$ 与 λ 的自然对数均表现出很好的线性关系，因此，其宏观尺度范围内的孔径分布满足分形标度律，与 MSFC 模型中认为宏观毛细管束截面孔径分布服从分形分布的假设相一致。分析拟合得到的四种建材的体积分形维数，刨花板的分形维数要略大于另外三种密度板，四种建材线性拟合的可决系数均高于 0.97，因此本实验选用的四种建材均可用分形几何理论的方法进行处理。

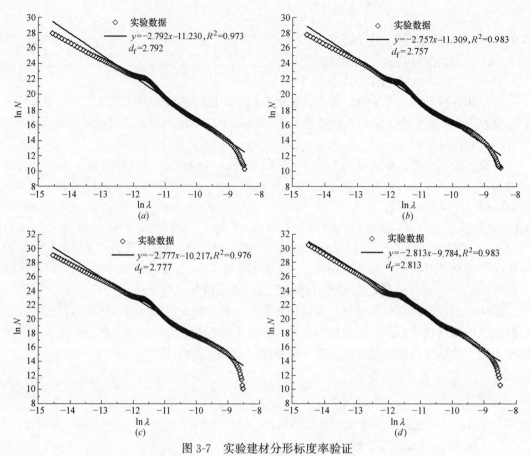

图 3-7 实验建材分形标度率验证

（a）密度板 1；（b）密度板 2；（c）密度板 3；（d）刨花板

通过压汞实验对四种建材的测量，获得了四种建材的孔径分布数据，在此基础上，对各孔径对应的圆柱形毛细管段长度及单位长度的扩散阻力进行计算，其结果如图 3-8 所示。

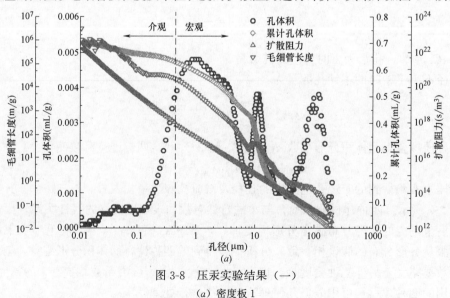

图 3-8 压汞实验结果（一）

（a）密度板 1

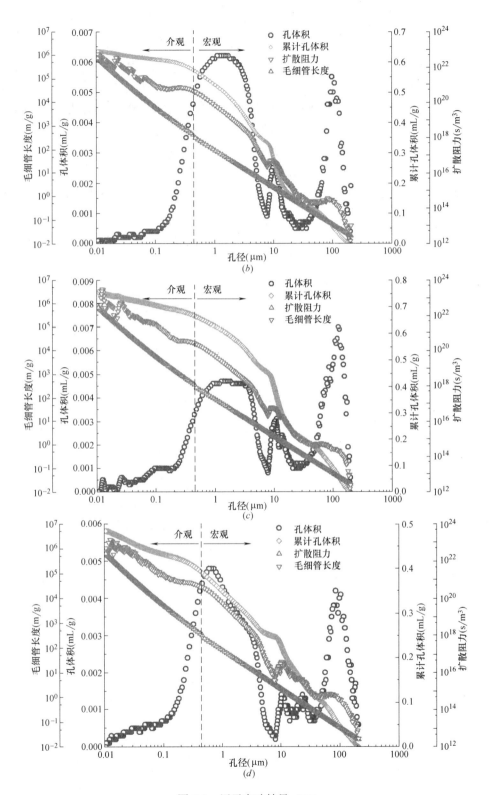

图 3-8 压汞实验结果（二）

（b）密度板 2；（c）密度板 3；（d）刨花板

图 3-8 所示的四种建材的具体孔径分布形态有所差别，但由于原材料及生产工艺相近，三种密度板的孔径在 $100\mu m$、$10\mu m$ 及 $1\mu m$ 左右对应的孔体积均出现 3 个极大值点，密度板 1 和密度板 2 的孔体积峰值出现在 $1\mu m$ 左右，密度板 3 则出现在 $100\mu m$ 左右；刨花板的孔径分布规律与密度板稍有不同，孔径在 $100\mu m$、$25\mu m$、$10\mu m$ 及 $1\mu m$ 左右对应的孔体积出现 4 个极大值点，孔体积峰值出现在 $0.6\mu m$ 左右。但是除形态分布的细节差异外，四种建材孔径分布规律亦存在相似之处，当孔径进入到介观范围内孔体积均呈明显的下降趋势，在 $0.01\mu m$ 处孔体积基本接近 0。从四种建材的累计孔体积分布线可发现同样的规律，宏观孔区域内累计孔体积呈明显的上升趋势，进入介观孔范围后上升趋势明显平缓。因此，宏观孔体积占总孔体积的绝大部分，介观孔部分所占体积相比宏观孔甚小。

基于压汞实验的建材属性参数 表 3-1

建材种类	孔隙率 （%）	宏观孔孔隙率 （%）	介观孔孔隙率 （%）	宏观孔平均传质 阻力(s/m⁴)	介观孔平均传质 阻力(s/m⁴)
密度板 1	55.92	49.83	6.09	3.71×10^{17}	7.91×10^{21}
密度板 2	47.16	42.33	4.83	4.59×10^{17}	1.18×10^{22}
密度板 3	55.42	48.68	6.74	3.83×10^{17}	1.03×10^{22}
刨花板	43.22	36.69	6.53	3.65×10^{17}	8.55×10^{21}

各建材单位传质阻力随孔径的变化趋势也呈现出相似规律，即随着孔径减小，单位传质阻力不断递升。表 3-1 为基于压汞实验得到的建材属性参数，可以看出四种建材介观孔的单位长度平均传质阻力均为宏观孔平均传质阻力的 20000 倍以上。且由图 3-8 可发现，介观孔长度远大于宏观孔长度，综合上述两项因素，介观孔与宏观孔的总传质阻力之间的差距更为明显，因此传质通量间也会存在巨大差距，即介观孔传质通量远小于宏观孔。故 MSFC 的数学模型中对代表体元进行简化，忽略介观孔的传质作用，仅计算宏观串联毛细管束的传质通量的假设是合理的。

3.4.2 MSFC 模型验证与对比

通过压汞实验得到建材的结构参数，代入有效扩散系数的预测模型即可求得 D_e 的理论预测值，MSFC 模型中的详细参数如表 3-2 所示。为便于模型间的相互比较，此处对 MSFC 模型、Xiong 模型[6] 及 Blondeau 模型[5] 对应的有效扩散系数分别进行了计算，各建材对应的散发关键参数如表 3-3 所示。

MSFC 模型的详细参数 表 3-2

建材	$\lambda_{max}(\mu m)$	$\lambda_{min}(\mu m)$	$L_0(\times10^{-4}m)$	d_p	d_t	$D_r(\times10^{-6}m^2/s)$
密度板 1	203.7	0.473	7.692	1.853	1.033	1.678
密度板 2	204.2	0.473	8.186	1.812	1.046	2.276
密度板 3	196.6	0.484	7.425	1.849	1.040	1.778
刨花板	203.7	0.503	8.399	1.790	1.044	2.520

多孔介质传质模型散发关键参数 表 3-3

| 建材 | $D_e(\times10^{-7}\mathrm{m^2/s})$ | | | K | $C_0(\mathrm{mg/m^3})$ |
	MSFC 模型	Blondeau 模型	Xiong 模型		
密度板 1	4.119	54.490	1.405	7977	5.065
密度板 2	3.661	44.943	1.186	8442	2.059
密度板 3	3.931	56.482	1.558	6120	2.187
刨花板	3.688	41.121	1.432	5860	16.865

将表 3-3 中的散发关键参数 D_e、K 和 C_0 代入到多孔介质传质模型 [式（3-18）～式（3-22）]，通过利用 COMSOL Multiphysics 软件中的广义型偏微分方程模块对多孔介质传质模型进行编程求解，对环境舱内的 VOC 浓度变化状况进行数值计算，通过与环境舱散发实验数据进行对比即可验证扩散系数预测模型的准确性。环境舱内气相 VOC 浓度计算值与实验数据的对比如图 3-9 所示。

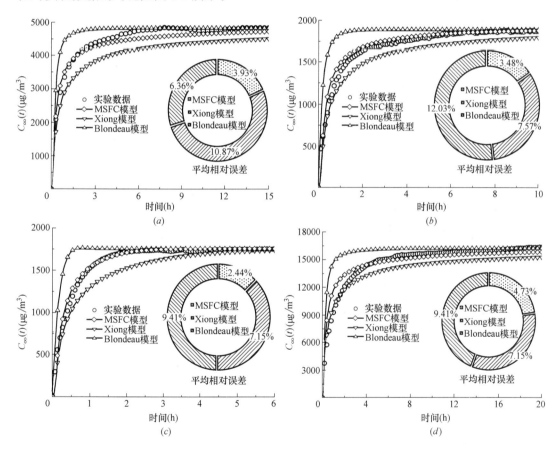

图 3-9 各模型理论预测值与实验数据的对比
（a）密度板 1；（b）密度板 2；（c）密度板 3；（d）刨花板

由图 3-9 可直观地看出各模型理论计算值与实验值的对比情况，Blondeau 模型在散发初期对浓度的预测值过高，这主要是由于模型设定时将宏、介观孔相互并联，忽略了传质路径上的孔径变化，造成传质阻力分配严重不均，大孔径孔道传质阻力远小于小孔径孔道，因此大孔径孔道传质通量占主导，从而引起扩散速率及初期散发浓度值比实际状况偏大，其到达平衡浓度的时间相比实验状态亦提前很多。

相反的，Xiong 模型则对浓度的预测值过低，这归因于其模型中假设宏、介观孔间隔串联，而宏、介观孔的孔径跨度极大，此连接方式带来的问题是介观孔传质阻力远大于宏观孔，导致宏-介观串联模型的总体传质通量受制于介观孔变得很小，从而引起扩散速率的降低及前期浓度值预测值的偏小，其到达平衡浓度的时间相比实验状态有所延迟。

本章提出的 MSFC 模型对四种建材 VOC 散发浓度的预测精度与实验数据吻合度较高，与 Blondeau 模型和 Xiong 模型相比，能对密闭环境下的建材 VOC 散发做出更为准确的预测。但是仔细观测 MSFC 的预测浓度数据可发现，其对散发初期浓度预测值比实验值稍大，分析造成该现象的原因有两种可能：一是由于多气固比法对建材初始可散发浓度 C_{m0} 及分离系数 K_m 进行实验测定时带来的误差；二是由于实际建材中一定比例介观孔的存在对建材内整体的传质过程有一定抑制作用，而 MSFC 模型为简化计算对介观孔的传质作用予以忽略，可能导致有效扩散系数理论值比实际略大，造成浓度预测值的偏高。

为评价对比各模型预测的精确度，对实验测量时间范围内各模型预测的平均相对误差进行了计算，如表 3-4 所示，Blondeau 模型对密度板 2、3 及刨花板预测的相对误差在 3 种模型中最高，说明 Blondeau 模型对预测建材的短期散发浓度存在较大的偏差；Xiong 模型对密度板 1 预测的相对误差最高，对其余 3 种建材的预测准确性高于 Blondeau 模型；MSFC 模型对四种建材预测的相对误差在这 3 种模型中最低，均在 5% 以下，故可认为 MSFC 模型能准确计算多孔建材 VOC 的扩散系数，从而对 VOC 浓度值做出合理的预测。

模型预测与实验结果的相对误差（%）　　　　　　　　　　表 3-4

扩散系数模型＼建材种类	密度板 1	密度板 2	密度板 3	刨花板
MSFC 模型	3.93	3.48	2.44	4.73
Xiong 模型	10.87	7.57	7.15	7.15
Blondeau 模型	6.36	12.03	9.41	9.41

3.5 建材内气体传质影响因素分析

上述章节建立了预测建材挥发性有机化合物三个散发关键参数的理论模型，建立了散发关键参数与建材结构、环境参数、VOC 物化性质等主控因素间的函数关系。如何从众多因素中剥离出对 VOC 散发具有重要影响的敏感性因素，通过源头控制方式对这些参数进行调节，以期由根源出发对建材的 VOC 散发进行抑制，这对于探索室内污染物浓度控制的未雨绸缪和指导低散发建材在工程中的应用均有深刻的意义。

3.5.1 散发关键参数敏感性分析

为研究三个散发关键参数对建材 VOC 散发的影响程度，此处对扩散系数、分离系数及初始可散发浓度进行敏感性分析。以密度板 1 为例，其在 18℃ 时的散发关键参数分别为 $D_m = 2.18 \times 10^{-10} \, m^2/s$，$K_m = 3517$，$C_{m0} = 1.781 \times 10^7 \, \mu g/m^3$。研究其中一个关键参数变化对散发特性的影响时，保持另外两个参数不变，分别分析密闭散发及换气次数为 $1h^{-1}$ 的直流散发时环境舱内的甲醛浓度变化情况。D_m、K_m、C_{m0} 均设置为原数值的 0.5 倍、2 倍及 5 倍，依次改变各参数，分析其对 VOC 散发的影响程度。

图 3-10 所示为密闭环境舱内甲醛散发关键参数的敏感性分析结果，扩散系数的变化对甲醛散发初期造成的影响较为明显，但经过一段时间的散发后，扩散系数的影响已不存在，因此扩散系数只对短期散发造成影响。相比分离系数与初始可散发浓度，扩散系数对甲醛散发的影响程度在三个关键参数中最小。K_m 及 C_{m0} 均对建材的整个散发周期造成影响，且参数的变化对环境舱内的气相甲醛浓度影响显著，K_m 的降低及 C_{m0} 的增大均可造成甲醛平衡浓度的上升及达到平衡浓度时间的增加。

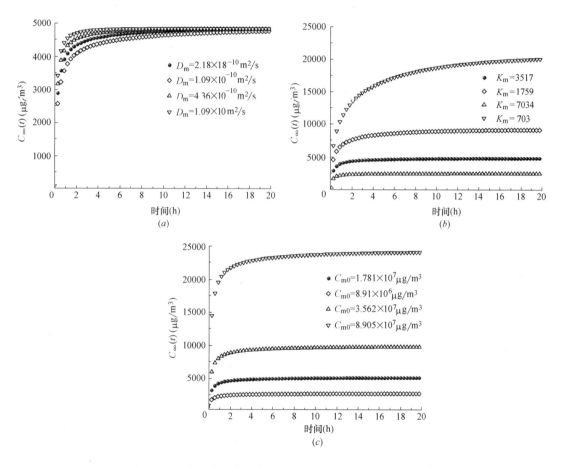

图 3-10 散发关键参数变化引起密闭状态下的 $C_\infty(t)$ 的变化

(a) D_m；(b) K_m；(c) C_{m0}

为直观获知关键参数对散发各个阶段的影响程度，分析了密闭散发开始后 1h、2h、10h 及 20h 的各参数的敏感系数。此处敏感系数为 $C_\infty(t)$ 的变化率与关键参数变化率之比。结果如图 3-11 所示，改变 D_m 的数值对 $C_\infty(t)$ 的影响较小，且随着散发过程的进行，D_m 的影响随之减弱，在 20h 后几乎可忽略不计；K_m 敏感系数为负值证明了 K_m 与 $C_\infty(t)$

呈相反的变化趋势，K_m 变化率增大，其敏感系数的绝对值逐渐降低，相同 K_m 变化率下敏感系数的绝对值随着时间的推移而递增；C_{m0} 在不同变化率下的敏感系数相同，且随着时间的推移其数值始终维持在 1，可推断 $C_\infty(t)$ 与 C_{m0} 成正比关系。对比三个关键参数在密闭状态下对散发的影响，D_m 对散发的敏感程度最低；在参数变化率为负值的情况下，K_m 对散发的敏感程度最为显著；考虑参数变化率的整体样本，C_{m0} 对散发的敏感程度最高。

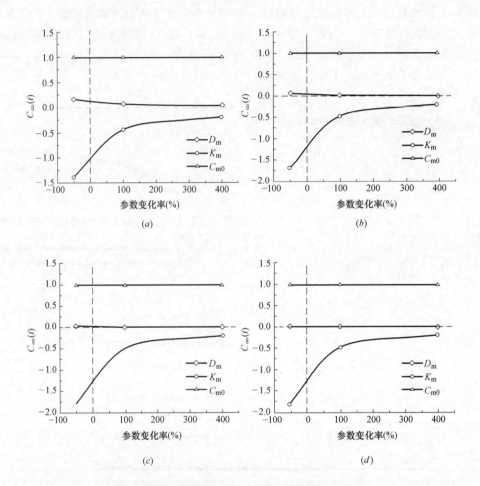

图 3-11 密闭状态下散发关键参数的敏感性分析
(a) 1h；(b) 2h；(c) 10h；(d) 20h

如图 3-12 所示，直流散发时扩散系数及分离系数对环境舱内的甲醛气相浓度影响规律一致，由 D_m 的增大及 K_m 的减小均会在散发初期引起气相浓度的增加，达到峰值浓度后，气相浓度迅速衰减，D_m 越大或 K_m 越小，对应的衰减速率越大，不同散发曲线在浓度衰减过程中会出现交点，交点前后气相浓度的大小关系相反，D_m 的增大及 K_m 的减小均会在散发后期引起气相浓度的迅速降低。初始可散发浓度对环境舱内甲醛气相浓度的影响在整个散发周期内均呈现一致的状态，即初始可散发浓度越大，其气相浓度越高。

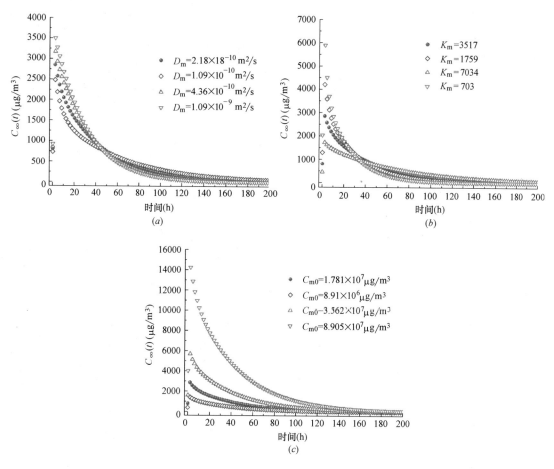

图 3-12　散发关键参数变化引起直流状态下的 $C_\infty(t)$ 的变化

(a) D_m；(b) K_m；(c) C_m0

图 3-13 所示为散发开始后 1h、20h、100h 及 200h 的各参数敏感系数变化情况。D_m

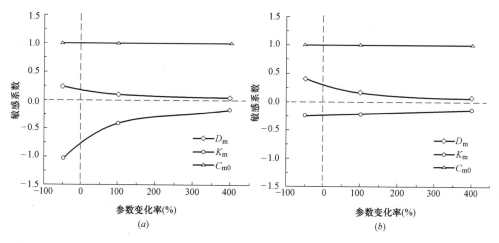

图 3-13　直流状态下散发关键参数的敏感性分析（一）

(a) 1h；(b) 20h

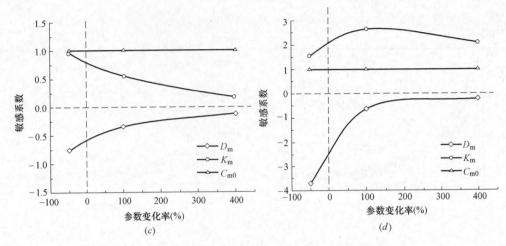

图 3-13　直流状态下散发关键参数的敏感性分析（二）

(c) 100h；(d) 200h

的增加其敏感程度依次降低，而改变 D_m 对散发前期与后期 $C_\infty(t)$ 的变化呈现相反的作用趋势，其敏感系数经历了由正到负的变化，且随着时间的延长，其敏感程度逐渐增强；K_m 对散发前期与后期 $C_\infty(t)$ 的变化亦呈现相反的作用趋势，其敏感系数由负逐渐变为正值，且不断增大；C_{m0} 的变化对敏感系数的作用与密闭状态下一致，在整个散发周期内敏感系数均为 1。对比三个关键参数在直流状态下对散发的影响，在短期散发过程中，C_{m0} 对散发的敏感程度最高；而在长期散发过程中，考虑参数变化率的整体样本，K_m 对散发的影响更为显著；D_m 则在其变化率为负值时，对长期散发影响较大，且 D_m 在直流散发时的敏感系数普遍高于密闭散发时的对应系数。

3.5.2　温度对传质的影响

建材 VOC 散发受多种因素的影响，如环境参数、建材结构、VOC 属性等。这些影响因素作用于建材 VOC 的散发关键参数，最终直接决定建材 VOC 的散发特性。因此，探究这些主控因素对散发关键参数的影响，对掌握建材 VOC 散发特性、寻求合理的 VOC 控制方法具有重要意义。

利用前述 CTR-VVL 法及 C-history 法在密闭环境舱实验中得到的不同温度下 C_{m0}、K_m 及 D_m 的实验值，代入建材 VOC 传质模型中，对环境舱中的密闭散发过程进行模拟，建材长宽尺寸均为 $71mm \times 70.5mm$，其余参数均与前述实验工况保持一致。经数值计算得到的密闭状态下不同温度时建材甲醛散发浓度随时间变化如图 3-14 所示，随着温度的升高，甲醛的散发速率及散发量不断提升，平衡浓度也随之增大。此外对比相同温差下平衡浓度的增大数值，温度越高，相同温差引起的平衡浓度的增幅越大。

图 3-14 可得到温度对散发浓度的影响，但是温差引起不同散发关键参数的变化进而造成的平衡浓度的差异仍未从中体现。因此，本书对温度升高后 C_{m0}、K_m 及 D_m 各自的变化对平衡浓度 C_{equ} 的影响分别进行了模拟计算。如对 C_{m0} 进行分析时，其余参数均保持不变，只考虑温度升高引起的 C_{m0} 的变化，代入传质方程中进行数值计算，得到一个新的平衡浓度值，与原先的 C_{equ} 相比，其差值即为由 C_{m0} 变化造成的 C_{equ} 的增量。利用同样方法，对温度升高后 K_m 及 D_m 引起的 C_{equ} 的变化分别进行计算。计算过程中发现，D_m 对散

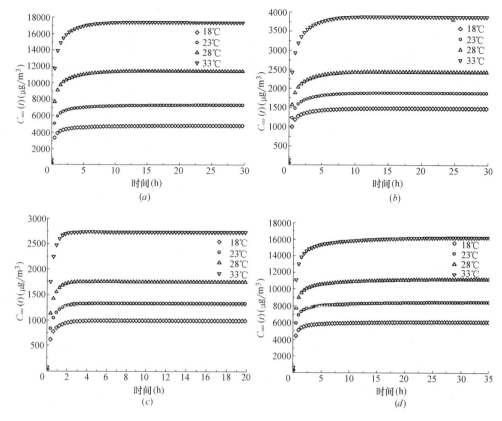

图 3-14 不同温度下建材在密闭环境中的散发
(a) 密度板 1；(b) 密度板 2；(c) 密度板 3；(d) 刨花板

发初期影响明显，但由其变化造成的密闭状态下 C_{equ} 的差异均在 1‰ 以下，几乎可忽略不计。由温度升高引起的 C_{m0}、K_m 变化对 C_{equ} 的影响如图 3-15 所示。温度升高引起的 K_m 及 C_{m0} 的变化对 C_{equ} 的影响均较大。综合而言，K_m 对 C_{equ} 的影响比 C_{m0} 更显著，主要是因为密闭环境中，气相甲醛浓度与吸附相表面的甲醛浓度服从亨利定律，其比值由 K_m 直接

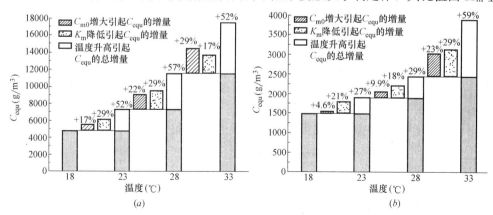

图 3-15 温度升高引起的 C_{m0}、K_m 变化对平衡浓度的影响（一）
(a) 密度板 1；(b) 密度板 2

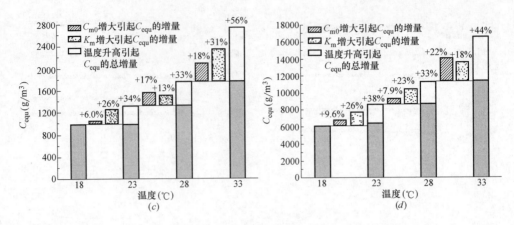

图 3-15 温度升高引起的 C_{m0}、K_m 变化对平衡浓度的影响（二）

(c) 密度板 3；(d) 刨花板

决定，因此 K_m 对密闭环境下 C_{equ} 的影响更为明显。但是针对具体个例，亦存在 C_{m0} 影响较大的情况，需针对不同建材、不同工况做具体分析。此外，由图 3-15 可发现，温度越高，相同温差引起的平衡浓度的增幅越大，从 28℃ 升高到 33℃，C_{equ} 上升了 50% 以上。

利用同样的分析方法，对换气次数为 $1h^{-1}$ 的直流环境舱内的甲醛散发进行模拟，得到不同温度下四种建材的散发情况如图 3-16 所示。直流散发时，甲醛的浓度会急剧上升，随后在散发初期便存在一个最大值点，此后便呈下降趋势，该最大值即为直流环境下的峰值浓度 C_{peak}。由图 3-16 可知，随着温度的升高，峰值浓度也不断上升，但是不同温度下的甲醛浓度曲线存在一个交点，在该点之前，温度较高的甲醛浓度也较高，而在此点之后，规律则相反，高温下的甲醛浓度则更低。究其原因，高温下甲醛的散发速率更快，因此在散发初期建材内的可散发甲醛浓度得以迅速下降，经过一段时间的散发，高温下的初始可散发浓度已低于较低温度下的初始可散发浓度，其散发速率亦低于同时段低温下的散发速率，此时甲醛浓度曲线便会呈现交替状态。

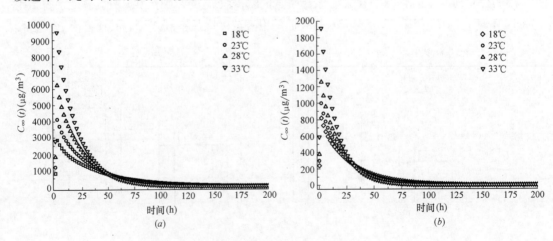

图 3-16 不同温度下建材在直流环境中的散发（一）

(a) 密度板 1；(b) 密度板 2

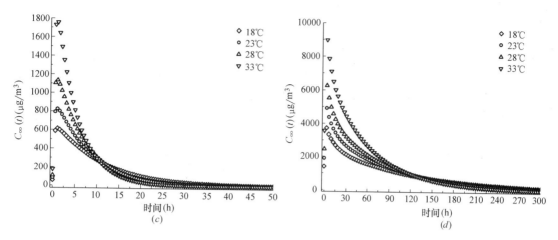

图 3-16　不同温度下建材在直流环境中的散发（二）

（c）密度板 3；（d）刨花板

为进一步明确各散发关键参数对直流环境下甲醛峰值浓度的影响，本书对温度升高后 C_{m0}、K_m 及 D_m 对峰值浓度 C_{peak} 的影响分别进行了模拟计算。如图 3-17 所示，温度越高，

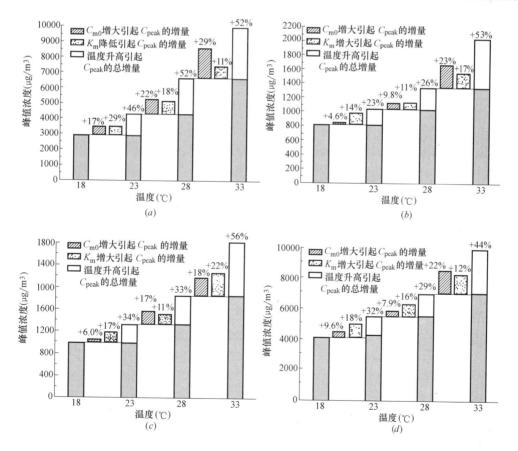

图 3-17　温度升高引起的关键参数变化对峰值浓度的影响

（a）密度板 1；（b）密度板 2；（c）密度板 3；（d）刨花板

C_{peak} 增加的比例越大，由 C_{m0} 增大引起的 C_{peak} 的增量也随温度的升高不断增大。同时，由温度升高引起 K_m 的降低亦会引起 C_{peak} 的增大，但其增量无特定规律可循。D_m 对 C_{peak} 的影响随温度的升高而增大，其值在 $3\%\sim5\%$ 之间，相较密闭环境有了较大的提升，分析其主要原因，是由于 D_m 的影响发生在散发的初期阶段，而直流散发时峰值浓度亦出现在散发初期，密闭散发时平衡浓度出现在散发进行很长一段时间后的平衡状态，因此由 D_m 对直流散发时 C_{peak} 产生的影响要大于在密闭散发时对 C_{equ} 的影响。但 D_m 对直流散发的影响仍无法与 C_{m0}、K_m 的影响相比，因此未显示于图中。

综上所述，可以得到以下规律：密闭及直流散发时，温度升高引起的 K_m 及 C_{m0} 的变化对平衡浓度及峰值浓度的影响均较大，且 C_{m0} 对散发的影响程度随温度的升高而递增；温度升高引起的 D_m 的增量在密闭及直流散发时产生的影响相比 K_m 及 D_m 均较小，但是 D_m 对直流散发峰值浓度的影响大于对密闭散发平衡浓度的影响。

3.5.3 孔隙结构对传质的影响

室内装修建材大多为多孔介质，其孔隙结构千差万别，没有任何两块建材的孔隙结构是完全一致的。通常以孔隙率与孔径分布来表述多孔介质孔隙特征，孔隙率为建材内部孔隙体积与材料在自然状态下总体积的比例，而孔径分布则为各孔径孔隙所占的体积比例。改变建材内部的孔隙结构会对 VOC 的散发特性带来变化，本节将针对该问题进行研究。

利用本章提出的 MSFC 模型对四种建材的有效扩散系数进行预测，进而计算出表观扩散系数 D_m 的理论值。分别改变建材的孔隙率、孔径上下限比值 $\lambda_{min}/\lambda_{max}$、迂曲度分形维数 d_t 和孔面积分形维数 d_p，得到表观扩散系数 D_m 随孔隙结构变化的情况如图 3-18 所示。

图 3-18（a）中改变各建材的孔隙率至原有的 $0.7\sim1.3$ 倍，在保持孔径分布规律不变的前提下，随着孔隙率的增加，各建材的扩散系数也随之增大，这是因为建材内孔隙体积的增大使得气体扩散阻力减小，因此气体分子在建材内部的传质速率更高。图 3-18（b）展示了 D_m 随 $\lambda_{min}/\lambda_{max}$ 变化的情况，$\lambda_{min}/\lambda_{max}$ 的增大会引起 D_m 的增加，但是在宏观尺度下的孔径变化并未改变其扩散机理，因此影响程度较弱。图 3-18（c）则显示了 D_m 受迁

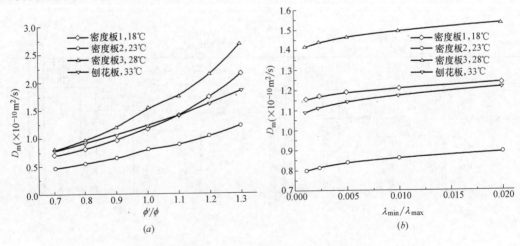

图 3-18　孔隙结构对表观扩散系数 D_m 的影响（一）

（a）孔隙率对 D_m 的影响；（b）$\lambda_{min}/\lambda_{max}$ 对 D_m 的影响

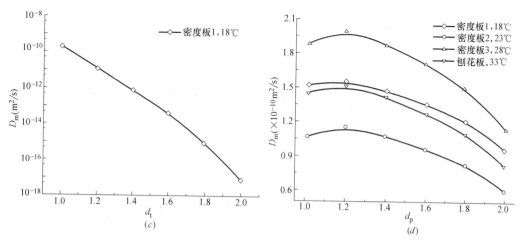

图 3-18 孔隙结构对表观扩散系数 D_m 的影响（二）

(c) d_t 对 D_m 的影响；(d) d_p 对 D_m 的影响

曲度分形维数 d_t 的剧烈影响，由于各建材 D_m 数值相近，D_m 变化曲线重合，此处仅列出了密度板 1 的变化趋势。当 d_t 在 1～2 之间变化时，D_m 随 d_t 的增大而骤降，其数值跨越了多个数量级，这意味着迂曲度的增加会大幅提高传质孔道弯曲程度，增加气体扩散的阻力。图 3-18 (d) 为保持其余参数不变的情况下改变孔面积分形维数 d_p 时 D_m 的变化情况，当孔隙率一定时，孔面积分形维数的增加意味着更为复杂的孔径分布。d_p 由 1 到 2 变化过程中 D_m 整体呈下降趋势，仅在 d_p 为 1.2 处有小幅上升。

利用第 2 章提出的 K 及 C_{m0} 的预测模型计算得到的不同孔隙率下散发关键参数。图 3-19 (a) 为表观分离系数 K_m 随孔隙率的变化趋势，密度板 1 与密度板 3 的 K_m 均随着孔隙率的增加而降低，而密度板 2 与刨花板的 K_m 随孔隙率的变化并不明显。图 3-19 (b) 为初始可散发浓度 C_{m0} 随孔隙率的变化趋势，四种建材的 C_{m0} 均随着孔隙率的增加而呈下降趋势，造成该现象的主要原因是孔隙率的增加使建材内部固相颗粒所占比例下降，因此 VOC 的主要来源胶粘剂的比例也随之下降。

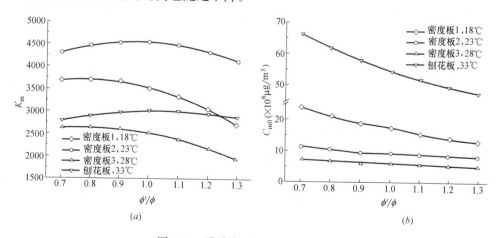

图 3-19 孔隙率对 K_m 及 C_{m0} 的影响

(a) 孔隙率对 K_m 的影响；(b) 孔隙率对 C_{m0} 的影响

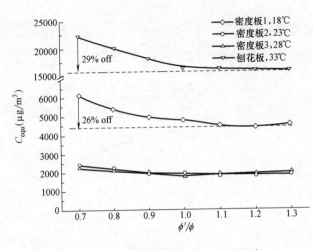

图 3-20　孔隙率对密闭环境 C_{equ} 的影响

将上述计算得到的不同孔隙率下的关键参数代入 VOC 单相传质模型中，建材的规格尺寸均为 71mm×70.5mm，对密闭及直流环境中的气相 VOC 浓度进行模拟，其结果如图 3-20 所示。密度板 2 与密度板 3 的平衡浓度并未随孔隙率的改变而发生明显变化，密度板 1 与刨花板的平衡浓度随着孔隙率的增加而逐渐降低，但是其下降幅度并不显著，在孔隙率大幅改变的前提下，其平衡浓度下降比例均未超过 30%。

对相同的建材进行直流环境下的 VOC 散发模拟，换气次数设定为 $1h^{-1}$，其结果如图 3-21 所示。由于直流环境中的峰值浓度出现在散发初期，此时受 D_m 的影响较大，而 D_m 随孔隙率的增加而上升，会引起峰值浓度的增大；相反地，C_{m0} 随孔隙率的增加而下降，会导致峰值浓度的降低。因此 D_m 与 C_{m0} 对峰值浓度的作用方向相反，由此带来的峰值浓度随孔隙率的变化幅度要小于在密闭环境下平衡浓度的变化。

综上所述，改变建材的孔隙率对 VOC 散发的影响并不显著，且大幅改变建材孔隙率会对建材的强度及适用条

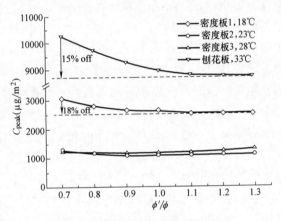

图 3-21　孔隙率对直流环境 C_{peak} 的影响

件等产生很大的影响，因此单纯通过改变建材孔隙率以控制 VOC 的散发缺乏实践价值，需寻求更为合理的解决途径。

3.5.4　气体属性对传质的影响

建材内含有多种 VOC，不同种类的 VOC 因物理化学属性及其与建材骨架结合能之间的差异，散发特性存在较大的差异。同系物由于结构相似，具有相同的化学键和官能团，在第 2 章中，对同系物间的分离系数及吸附势能进行了预测推导，表 2-8 列出了五种醛类同系物在不同温度下的分离系数预测值，表 2-9 则为醛类化合物吸附势能的解析式。为了对不同 VOC 的散发特性进行比对，需掌握各 VOC 的散发关键参数。因此，利用本章提出的 MSFC 模型，对不同醛类在建材中的有效扩散系数进行了计算，进而得到 23℃时表观分离系数 D_m 的预测值，如图 3-22 所示。

对于不同种类的 VOC，随着分子质量的增加及分子扩散容积的增大，其扩散系数依次减小。如图 3-22 所示，各建材中甲醛与庚醛扩散系数相差一个数量级以上，但随着分子质量的增加，不同建材内同一醛类扩散系数的差距逐渐缩小。

现已知各醛类同系物 K_m 及 D_m 的理论预测值，需对 C_{m0} 进行计算即可完成对整体散发过程的预测。由于不同种类的 VOC 在建材内的总含量存在差异，为消除该因素对初始可散发浓度的影响，假设建材内各 VOC 的总含量均相同，因此不同种类 VOC 初始可散发浓度的差异仅由气体分子属性及其与建材间的结合能所决定。利用第 2 章多孔建材初始可散发浓度的预测模型，得到 23℃时不同醛类化合物 C_{m0}，如图 3-23 所示。

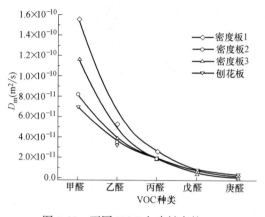

图 3-22 不同 VOC 在建材中的 D_m

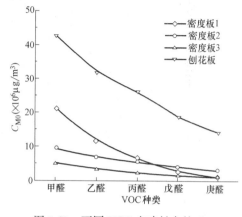

图 3-23 不同 VOC 在建材中的 C_{m0}

随着液相摩尔体积的增大，各醛类同系物与建材间的吸附势能依次增强，脱附的难度也随之增大，可脱附比例由甲醛至庚醛依次减小。在假设 VOC 总含量相同的前提下，各建材中甲醛与庚醛的初始可散发浓度相差 3 倍以上，由化合物属性不同引起的 C_{m0} 的差距十分显著。

利用本章提出的散发关键参数预测模型对五种醛类化合物的 D_m、K_m 及 C_{m0} 分别进行了计算，代入建材 VOC 单相传质模型中求解密闭环境下的气相 VOC 浓度，其结果如图 3-24 所示。虽为同系物，不同醛类的散发特性互异，分子质量、分子扩散容积、液相摩尔体积等属性差异对散发过程的影响极为重要。各建材散发的醛类同系物的浓度随分子质量的增加依次降低，甲醛与庚醛的平衡浓度相差数十倍以上。因此，在室内空气中，甲醛凭借其易脱附及强扩散的特性，成为最普遍也是危害最大的污染物之一。

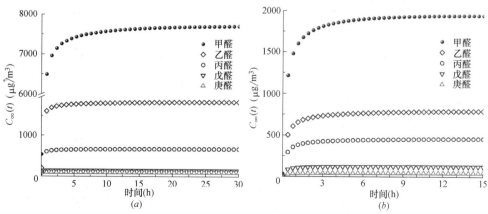

图 3-24 建材中醛类化合物密闭散发时的气相浓度（一）

（a）密度板 1；（b）密度板 2

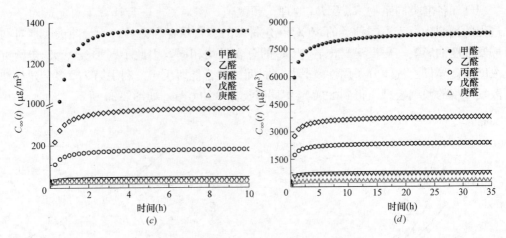

图 3-24　建材中醛类化合物密闭散发时的气相浓度（二）

(*c*) 密度板 3；(*d*) 刨花板

本章参考文献

[1]　Treybal，RobertEwald.　Mass-transfer operations.　New York：McGraw-Hill，1980.

[2]　K. A. Kobe.　The properties of gases and liquids.　New York：McGraw-Hill，1977.

[3]　Ruthven，DouglasM.　Principles of adsorption and adsorption processes.　New York：Wiley，1984.

[4]　Y. Liu，X. Zhou，D. Wang，C. Song，J. Liu.　A diffusivity model for predicting VOC diffusion in porous building materials based on fractal theory.　J. Hazard. Mater，2015，299：685-695.

[5]　P. Blondeau，A. L. Tiffonnet，A. Damian，O. Amiri，J. L. Molina.　Assessment of contaminant diffusivities in building materials from porosimetry tests. ，.　Indoor Air. 2003，13：310-318.

[6]　J. Xiong，Y. Zhang，X. Wang，D. Chang.　Macro-meso two-scale model for predicting the VOC diffusion coefficients and emission characteristics of porous building materials.　Atmos. Environ，2008，42：5278-5290.

[7]　Q. Zheng，B. Yu，S. Wang，L. Liang.　A diffusivity model for gas diffusion through fractal porous media.　Chem. Eng. Sci，2012，68：650-655.

[8]　B. Yu，J. Li.　Some fractal characters of porous media，Fractals-Complex Geom. Patterns Scaling Nat. Soc，2011，9：365-372.

[9]　M. Yun，B. Yu，J. Cai.　Analysis of seepage characters in fractal porous media.　Int. J. Heat Mass Transf，2009，52：3272-3278.

[10]　J. Comiti，M. Renaud.　A new model for determining mean structure parameters of fixed beds from pressure drop measurements：application to beds packed with parallelepipedal particles. Chem. Eng. Sci，1989，44：1539-1545.

[11]　P. Xu，B. Yu.　Developing a new form of permeability and Kozeny-Carman constant for homogeneous porous media by means of fractal geometry.　Adv. Water Resour. 2008，31：74-81.

[12]　N. Epstein.　On tortuosity and the tortuosity factor in flow and diffusion through porous media. Chem. Eng. Sci，1989，44：777-779.

[13]　J. R. Welty，G L Rorrer，DGy foster.　Fundamentals of momentum，heat，and mass transfer.　Revised 6th Edition，Wiley，2014.

[14]　B. Yu，P. Cheng.　A fractal permeability model for bi-dispersed porous media.　Int. J. Heat Mass

Transf，2002，45：2983-2993.

[15] B. Yu，L. J. Lee，H. Cao. A fractal in-plane permeability model for fabrics. Polym. Compos，2002，23：201-221.

[16] C. S. Lee，F. Haghighat，W. S. Ghaly. A study on VOC source and sink behavior in porous building materials-Analytical model development and assessment. Indoor Air，2005，15：183-196.

[17] Q. Deng，X. Yang，J. Zhang. Study on a new correlation between diffusion coefficient and temperature in porous building materials. Atmos. Environ，2009：43：2080-2083.

[18] Murakami S，Kato S，Ito K，Yamamoto A. Analysis of chemical pollutants distribution based on coupled simulation of CFD and emissionsorption processes. Indoor Air 99 8th Int. Conf. Indoor Air Qual. Clim，1999，4：725-730.

[19] S. S. Cox，J. C. Little，A. T. Hodgson. Measuring concentrations of volatile organic compounds in vinyl flooring.. J. Air Waste Manage. Assoc，2001，51：1195-1201.

[20] Q. Deng，X. Yang，J. S. Zhang. Key factor analysis of VOC sorption and its impact on indoor concentrations：The role of ventilation. Build Environ，2012，47：182-187.

[21] 田志宏，张秀华，梅鸣华，刘响，孙立军，田晶晶. 压汞法测试耐火材料孔结构的原理与方法. 理化检验：物理分册，2013：49：615-617.

[22] D. Shou，L. Ye，J. Fan，K. Fu. Optimal design of porous structures for the fastest liquid absorption.. Langmuir Acs J. Surfaces Colloids，2014，30：149-155.

[23] 刘希尧. 压汞法研究吸附剂与催化剂的孔结构. 石油化工，1984，8：40-48.

[24] 陈悦，李东旭. 压汞法测定材料孔结构的误差分析. 硅酸盐通报，2006：25：198-201.

第4章 静态湿分布对多孔建筑材料导热过程的影响

4.1 概　　述

多孔建筑材料中湿分的存在状态包括静态分布和湿传递，两者影响材料内部传热性能的机理并不相同。静态湿分主要通过与材料固体骨架及孔隙中空气之间的导热过程影响导热系数，该导热过程与湿分含量、形态以及材料孔隙结构特征密切相关。本章主要针对静态湿分布对多孔建筑材料内部导热作用展开分析。

当前多孔建筑材料导热系数理论模型中，仅考虑材料固体骨架和湿空气的传热作用，忽视了材料固体骨架表面与湿分之间作用力形成的吸附湿分和凝结态湿分。针对此问题，依据材料内部的湿分状态变化形成的液、气空间替换，提出固液气共存导热物理模型。根据材料孔隙结构曲折连通的特点，利用分形理论建立具有一定迂曲度的毛细管结构模型，进而形成三相共存多孔材料导热系数计算模型；并利用静态湿分布多孔建筑材料导热系数实验对计算模型进行验证。

4.2 多孔建筑材料孔隙结构及湿分形态

多孔材料内部孔隙结构不仅影响固体骨架、液体、气体的空间分布以及骨架与气体的体积比例，还将影响湿分在材料内部的传递特性。不同形态湿分（如液态湿分和气态湿分）导热性能和湿传递特性差异较大，其对材料热作用程度具有较大差别。因此，掌握多孔建筑材料孔隙结构和湿分形态是分析固体骨架、液态湿分及湿空气之间传热过程的基础。

4.2.1 建筑材料孔径分布和孔隙率

多孔建筑材料孔隙率和孔径分布是描述孔隙结构特征的重要参数，也是影响材料导热系数的重要参数。为掌握常见多孔建筑材料孔隙结构特征，选择孔隙结构差异较大的多种建筑材料：普通混凝土、黏土砖、加气混凝土及泡沫混凝土，作为测试对象进行分析。

多孔材料孔径测定方法主要有光学法、压汞法和等温吸附法等[1]，对不同孔隙结构的材料，测定方法也有所差异。加气混凝土和泡沫混凝土等孔隙尺寸较大材料，可通过扫描电子显微镜（SEM）获得材料截面 SEM 图像，结合图像分析软件可获得材料的孔径分布和孔隙率。对于普通混凝土和黏土砖等孔隙尺寸较小材料，适宜采用压汞仪（MIP）进行孔隙结构分析。多孔建筑材料孔隙结构分析所用扫描电子显微镜和压汞仪主要参数见表 4-1。

仪器	型号	测试范围	精度	放大倍数	分辨率
压汞仪	PoreMaster GT60	$3\sim1.08\times10^6\,nm$	$\pm0.11\%$	—	—
扫描电子	JSM-6510LV	—	—	$5\sim3\times10^5$	3nm
显微镜	Quanta 600FEG	—	—	$10\sim10\times10^5$	1nm

测试仪器相关参数　　　　　　　　　表 4-1

压汞仪的测量原理：通过加压使汞进入多孔材料孔隙中，孔隙内部汞的体积增量与所施加压力所做的功等于相同热力学条件下的汞-固体界面下的表面自由能；假设多孔材料由不同管径的圆柱形毛细管所组成，依据 Washburn 方程可得到材料孔径分布，汞所受压

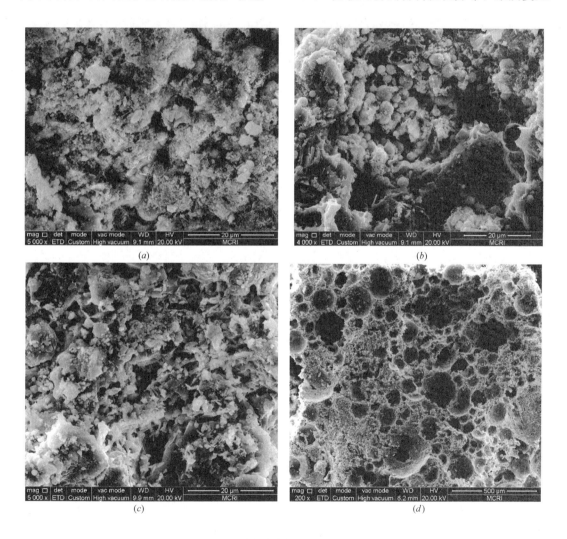

图 4-1　建筑材料 SEM 图片（一）

（a）普通混凝土 A（放大倍数 5000）；（b）普通混凝土 B（放大倍数 50000）

（c）黏土砖（放大倍数 5000）；（d）加气混凝土 A（放大倍数 200）

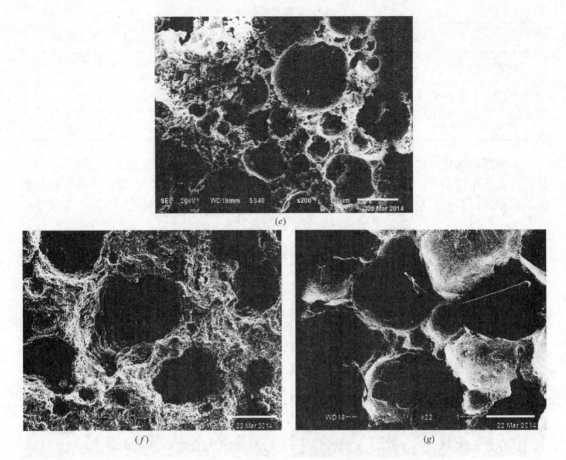

图 4-1　建筑材料 SEM 图片（二）

（e）加气混凝土 B（放大倍数 200）；（f）泡沫混凝土 A（放大倍数 50）；

（g）泡沫混凝土 B（放大倍数 22）

力和毛细管半径的关系为[2]：

$$r=\frac{2\sigma\cos\theta}{P} \tag{4-1}$$

式中　r——毛细管半径，m；

　　　σ——汞的表面张力，N/m；

　　　θ——多孔材料与汞的润湿角；

　　　P——压入汞的压力，N/m^2。

对于加气混凝土及泡沫混凝土，利用扫描电子显微镜对试样进行扫描获得其 SEM 图片，利用图像分析软件 Image J 对 SEM 图片进行黑白二元处理，分析获得加气混凝土及泡沫混凝土截面孔隙孔径分布和面积孔隙率，其可以近似代替材料体积孔隙（即孔隙率）和孔径分布[1]。普通混凝土和黏土砖体积孔隙率和孔径分布可通过压汞仪直接测得。

通过扫描电子显微镜得到普通混凝土等多种建筑材料 SEM 图片（见图 4-1），分析得到各材料孔隙大小及分布，如图 4-2 所示。

统计获得多种建筑材料孔隙率和微观/介观/宏观孔比例见表 4-2。

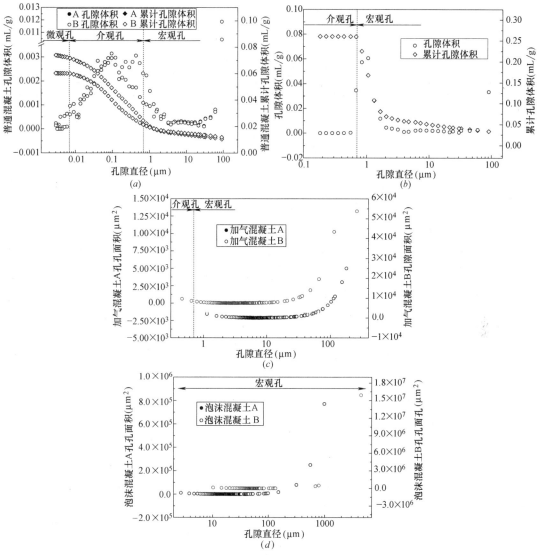

图 4-2 建筑材料孔径分布特征

（a）普通混凝土；（b）黏土砖；（c）加气混凝土；（d）泡沫混凝土

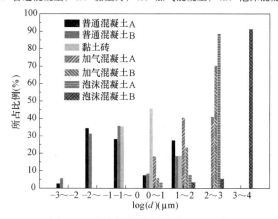

图 4-3 建筑材料孔径分布范围比例

材 料	$\rho(\text{kg/m}^3)$	ε	微观/介观/宏观孔比例（％）		
			α_1	α_2	α_3
普通混凝土 A	2179.24	0.1336	3.07	66.89	30.04
普通混凝土 B	2115.16	0.1609	0.52	65.76	33.72
黏土砖	1568.24	0.3187	—	13.50	86.50
加气混凝土 A	728.48	0.5075	—	3.80	96.20
加气混凝土 B	597.75	0.5810	—	—	100
泡沫混凝土 A	220.78	0.7124	—	—	100
泡沫混凝土 B	196.79	0.7739	—	—	100

由图 4-2、图 4-3 及表 4-2 可知，普通混凝土内部孔径相对较小，由累计孔体积曲线亦可发现相同的规律，在微观及宏观尺度内累计孔体积曲线较为平缓，而介观尺度内随孔径减小累计孔体积迅速增大，因此普通混凝土的大部分孔隙为介观孔，且主要分布在 $0.01 \sim 10\mu m$ 的尺度范围。黏土砖内部孔径主要分布在 $1 \sim 100\mu m$ 范围，其孔隙以宏观孔为主。加气混凝土和泡沫混凝土内部孔隙尺寸较大，其孔隙绝大部分为宏观孔，尤其是泡沫混凝土孔径较大，主要分布在 $1000 \sim 10000\mu m$ 范围。

4.2.2 建筑材料内部湿分形态

多孔建筑材料中湿分按流动状态分为静态湿分和迁移湿分，按其形态可为分为气态和液态。对于吸湿性多孔材料，其内部湿分为自由液态水、吸附湿分以及湿空气中的水蒸气。自由水存于材料内孔隙中，吸附湿分多存在于固体骨架表面以及微小孔隙中；吸附湿分与孔隙中湿空气中水蒸气分压力以及材料孔隙结构密切相关，不同于自由水[3]。

当气态或液态湿分与材料内部固体表面接触时，由于固体表面自由能的存在，水分子会吸附在表面上，即范德华力吸附；当材料内部温度升高，吸附的水分子的动能增大，分子将会脱离固体表面，产生脱附现象[4]。

对于多孔建筑材料，湿分在其固体骨架表面的吸附量依赖于固体骨架表面的特性、吸附平衡的温度以及湿分的平衡压力；当固体骨架表面上吸附的湿分仅有一层分子时为单分子层吸附[5]。对于单分子膜，随分子量的增多，从无相互作用力的独立分子状态逐渐成为粘附的相对紧密排列状态，且分子间的作用力增强。

随骨架表面与湿分作用力的增强，在单分子膜层的基础上，相继各层的吸附称为多分子层吸附；多分子层紧密堆积，具有高度表面黏度，吸附膜与骨架表面之间的吸附力较强，随着分子层的增多，吸附膜呈现凝聚膜态[6]。凝聚膜近似相当于具有高黏度的非牛顿流体，吸附在固体骨架表面，基本不流动，一般情况下，围护结构中多孔建筑材料的吸附以多分子层吸附情况居多[7]。

随孔隙内部湿空气中水蒸气分压力的增大，多分子膜厚度逐渐增加，材料中微小孔隙中出现弯月液态湿分；当水蒸气分压力达到与孔隙孔径相对应的临界压力时，将发生毛细孔凝聚[7]。尺寸越小的孔隙越先被凝聚态湿分充满，随着水蒸气分压力不断升高，则孔径较大的孔也逐渐被凝聚态湿分充满，孔隙中凝聚态湿分也从孤"岛"逐渐变成连续状态，毛细吸附的湿分呈现凝聚液态水特征[8]。

通过以上分析可知，多孔建筑材料内部吸附的湿分具有液态水的特点。因此，在分析多孔建筑材料内部固体骨架、湿分导热过程时，不能忽略吸附湿分或简单地将吸附湿分当作湿空气处理。受热湿环境影响，多孔建筑材料中湿分也将发生传递过程，并主要以水蒸气扩散、毛细管流和蒸发/凝结等传递方式影响材料内部传热过程。

4.3 静态湿分布多孔建筑材料导热过程

根据多孔建筑材料内部湿分形态分析可知，材料内部不仅存在气态湿分，还存在吸附态、凝聚态等液态湿分。因此，建立固液气三相共存的导热物理模型是分析静态湿分布多孔建筑材料导热过程的基础，而准确地描述材料内部固体骨架、液态湿分和湿空气的空间分布是分析导热过程的关键。

本节将在固液气共存微观导热的基础上，利用宏观上的热电类比原理，并借助分形理论描述多孔建筑材料内部结构特征，分析固、液、气体空间占有比例及空间分布对多孔建筑材料内部导热的影响作用，进而获得静态湿分布多孔建筑材料导热系数计算模型。

4.3.1 材料内部液气空间替换导热物理模型

根据普通混凝土等多孔建筑材料孔隙曲折连通的结构特点，以及湿分在材料内部的传递特性，近似认为多孔建筑材料孔隙结构是由不同尺度大小孔隙相连通，并构成具有一定迂曲度的毛细管束。多孔建筑材料孔隙结构简化模型如图4-4所示，在垂直热流方向的横截面上，认为一定孔径范围的孔隙随机分布；在沿热流方向的纵截面上，孔隙连通构成毛细通道，且大量毛细通道并联排列。

根据多孔建筑材料内部湿分形态分析可知，湿空气在多孔建筑材料的传递过程中，由于固体骨架表面对水分子的吸附作用，在固体骨架表面出会形成一定体积的吸附水，此外热湿耦合传递过程中可能产生凝结水，液态湿分导热系数远大于湿空气。当前关于多孔建筑材料导热系数的理论分析，仅考虑固体骨架和湿空气的导热作用，无法真实反映建材内部的多相态导热过程，将对材料导热系数计算造成较大误差。

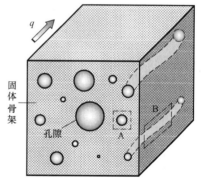

图4-4 多孔建筑材料孔隙结构简化模型

鉴于此，本章针对含有湿空气的多孔建筑材料，依据材料内部的湿分状态变化形成的液、气空间替换，综合考虑固体骨架、液体和湿空气之间的传热作用，提出液、气空间替换的固液气共存导热模型。

在多孔建筑材料垂直热流方向的横截面上，取一表征单元（图4-4中A），在材料内部固气导热模型基础上，如图4-5（a）所示，本章提出液、气空间替换的固液气共存导热物理模型，如图4-5（b）所示。

在多孔建筑材料沿垂直热流方向的纵截面上，认为液、气空间替换形成固、液、气三相相互并联。在纵截面上取一表征单元（图4-4中B），其纵截面固气液导热单元，如图4-6（a）所示。考虑到毛细管具有一定迂曲度，将静态湿分布多孔材料的纵截面表征单元简化固体骨架、液体和气体串联和并联组合的简化表征单元，如图4-6（b）所示。

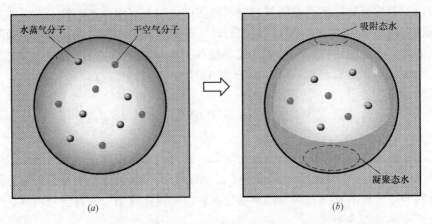

图4-5 多孔材料内部固液气导热物理模型
(a) 材料内部固气导热模型；(b) 液、气空间替换固液气导热模型

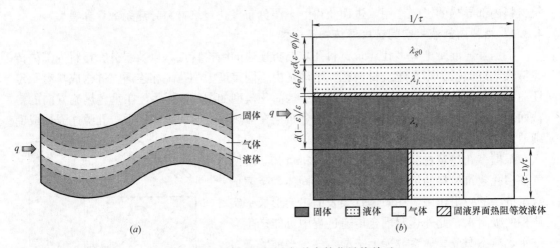

图4-6 材料纵截面固液气共存简化导热单元
(a) 材料内部纵截面固液气导热单元；(b) 材料纵截面固液气串并联导热单元

简化单元中三相并联和串联部分比例分别为 $1/\tau$ 和 $(\tau-1)/\tau$，且并联和串联中固、液、气部分分别为 $d(1-\varepsilon)/\varepsilon$、$d\varphi/\varepsilon$ 和 $d(\varepsilon-\varphi)/\varepsilon$。根据多孔建筑材料内部固、液、气体之间的微观传热分析，可知固体表面与其吸附液体间存在固液传热热阻，在表征单元中认为存在一定尺度 l_k 的固液界面热阻等效液体。

4.3.2 固液气共存多孔材料导热分形分析

对于多孔材料能否用分形理论进行分析，Yu 提出在一定尺度范围多孔材料孔径分布需满足式 (4-2)，可近似认为多孔材料符合的统计自相似分形结构[9]。

$$(L_{min}/L_{max})^{D_f} \cong 0 \tag{4-2}$$

同时指出，一般当 $L_{min}/L_{max} < 10^{-2}$ 时，大多数多孔材料符合统计自相似，可利用分形理论进行相关分析。根据常见多孔建筑材料孔径分布特征分析可知，多孔建筑材料满足此条件，因此，可利用分形理论来描述多孔建筑材料内部孔隙结构特征。

多孔材料的某些宏观输运参数如液体传到系数、扩散系数等，通常与流体流动或扩散的弯曲路径即迂曲度有关，一般迂曲度被定义为[10]：

$$\tau = L_t / L_0 \tag{4-3}$$

式中 L_t——流体路径的实际长度；

L_0——沿宏观驱动势梯度方向上的特征长度。

对于统计自相似分形结构，Yu 等研究得出分形结构材料的累积孔隙数目与孔径分布服从如下的函数关系[9]：

$$N(L_0 \geq d) = \left(\frac{d_{max}}{d}\right)^{D_f} \tag{4-4}$$

式中 d——材料孔隙尺寸，m；

d_{max}——材料最大孔隙尺寸，m。

由于多孔材料内部孔隙数量巨大，近似认为式（4-4）可微，对该式微分得到在 d 和 $d+dd$ 区间里的材料截面孔隙数目为[9]：

$$-dN = D_f d_{max}^{D_f} d^{-(D_f+1)} dd \tag{4-5}$$

Yu 将对多孔材料孔隙的分形描述推广到多孔材料的弯曲毛细管中，用毛细管直径代替把式（4-5）中测量尺度，则毛细管分形标度关系可以表示为[11]：

$$L_t(d) = d^{1-D_T} L_0^{D_T} \tag{4-6}$$

由式（4-3）和式（4-6）可得毛细管迂曲度分形维数：

$$D_T = 1 + \frac{\ln\tau}{\ln(L_0/d)} \tag{4-7}$$

式中 D_T——迂曲度分形维数，其表征多孔材料内部孔隙通道的弯曲程度。

借助分形理论对多孔建筑材料孔隙结构的数学描述，下面进一步展开固液气共存多孔材料导热分形分析。根据热电类比原理简化表征单元固、液、气并联部分导热系数 $\lambda_{RE,par}$ 可表示为：

$$\lambda_{RE,par} = (1-\varepsilon)\lambda_s + (\varphi + l_k d)\lambda_l + (\varepsilon - \varphi)\lambda_g \frac{d}{d + 2\beta l_m \varepsilon/(\varepsilon - \varphi)} \tag{4-8}$$

串联部分导热系数 $\lambda_{RE,ser}$ 可表示为：

$$\lambda_{RE,ser} = \frac{1}{(1-\varepsilon)/\lambda_s + (\varphi + l_k d)/\lambda_l + (\varepsilon - \varphi)/\lambda_g + 2\beta l_m \varepsilon/d\lambda_g} \tag{4-9}$$

简化表征单元导热系数为：

$$\lambda_{RE} = \frac{1}{\tau} \cdot \lambda_{RE,par} + \frac{\tau-1}{\tau} \cdot \lambda_{RE,ser} \tag{4-10}$$

根据 Fourier 定律，通过厚度为 L_0 的表征单元截面的热流为：

$$q_R = \frac{d^2}{\varepsilon} \cdot \frac{\lambda_{RE}}{L_0} \Delta T \tag{4-11}$$

从最小到最大固液气单元截面热流积分可计算得通过材料总热量 Q_t[12]：

$$Q_t = -\int_{d_{min}}^{d_{max}} q_R(d) dN \tag{4-12}$$

把式（4-5）、式（4-10）和式（4-11）带入式（4-12）得到：

$$Q_t = \frac{\lambda_e D_f d_{max}^{D_f}}{L_0^{D_T} \varepsilon} \Delta T \cdot \int_{d_{min}}^{d_{max}} \left[\frac{d^{D_T-D_f}}{Ad+B} + Cd^{D_T-D_f+1} + E\frac{d^{D_T-D_f+2}}{d+2\beta l_m} + \frac{\varepsilon(\tau-1)}{\tau} \cdot \lambda_l l_k\right] dd \tag{4-13}$$

进一步积分得到：

$$Q_t = \frac{\lambda_e D_f d_{\max}^{D_f}}{L_0^{D_T}\varepsilon}\Delta T\left\{C \cdot \frac{d_{\max}^{D_T-D_f+2}-d_{\min}^{D_T-D_f+2}}{D_T-D_f+2} + \frac{\varepsilon(\tau-1)}{\tau}\cdot\lambda_l l_k(d_{\max}^{D_T}-d_{\min}^{D_T})\right.$$

$$+\left[\frac{d^{D_T-D_f+1}\,{}_2F_1(1,D_T-D_f+1;D_T-D_f+2;-Ad/B)}{B(D_T-D_f+1)}\right]_{d_{\min}}^{d_{\max}}$$

$$\left.+\left[E\cdot\frac{d^{D_T-D_f+3}\,{}_2F_1(1,D_T-D_f+3;D_T-D_f+4;-d/(2\beta l_m))}{2\beta l_m(D_T-D_f+3)}\right]_{d_{\min}}^{d_{\max}}\right\} \tag{4-14}$$

式中，$A=\frac{1}{\tau}[(1-\varepsilon)\lambda_s+\varphi\lambda_l]$，$B=\frac{1}{\tau}(\varepsilon-\varphi)\lambda_g$，$C=\frac{\tau-1}{\tau}\left(\frac{1-\varepsilon}{\lambda_s}+\frac{\varphi}{\lambda_l}+\frac{\varepsilon-\varphi}{\lambda_g}\right)$

$E=\frac{\tau-1}{\tau}\cdot\frac{\varepsilon-\varphi}{\lambda_g}$。

${}_2F_1(a,\ b;\ c;\ -z)$ 为超几何函数，在可采用 Mathematica 软件进行求解。

根据 Fourier 定律从宏观角度可知，通过面积为 A_t，厚度为 L_0 的材料热量 Q_t 可表示为：

$$Q_t=\frac{\lambda_{e,m}}{L_0}A_t\Delta T \tag{4-15}$$

式中 $\lambda_{e,m}$——静态湿分布多孔材料导热系数，W/(m・K)。

从最小到最大固、液、气构成单元截面面积积分得到总截面面积 A_t 为：

$$A_t=-\int_{d_{\min}}^{d_{\max}}\frac{d^2}{\varepsilon}dN \tag{4-16}$$

进一步积分得到：

$$A_t=\frac{D_f d_{\max}^{D_f}(d_{\max}^{2-D_f}-d_{\min}^{2-D_f})}{\varepsilon(2-D_f)} \tag{4-17}$$

截面尺寸 L_0 与界面面积 A_t 的近似关系为[13]：

$$L_0=\sqrt{A_t} \tag{4-18}$$

由以上各式计算可得固液气共存多孔材料导热系数：

$$\lambda_{e,m}=\frac{2-D_f}{d_{\max}^{2-D_f}-d_{\min}^{2-D_f}}\left\{C\cdot\frac{d_{\max}^{D_T-D_f+2}-d_{\min}^{D_T-D_f+2}}{D_T-D_f+2}+\frac{\varepsilon(\tau-1)}{\tau}\cdot\lambda_l l_k(d_{\max}^{D_T}-d_{\min}^{D_T})\right.$$

$$+\left[\frac{d^{D_T-D_f+1}\,{}_2F_1(1,D_T-D_f+1;D_T-D_f+2;-Ad/B)}{B(D_T-D_f+1)}\right]_{d_{\min}}^{d_{\max}}$$

$$\left.+\left[E\cdot\frac{d^{D-D_f+3}\,{}_2F_1(1,D_T-D_f+3;D_T-D_f+4;-d/(\beta l_m))}{\beta l_m(D_T-D_f+3)}\right]_{d_{\min}}^{d_{\max}}\right\} \tag{4-19}$$

为便于计算，由以上分析得知，表征单元中气体导热系数以及固液截面热阻与孔隙尺寸有关，对于静态湿分布多孔材料来说，孔隙平均气体导热系数以及总固液界面热阻对分析材料导热系数更有意义。因此，可换种思路分析，将材料孔隙平均气体导热系数以及总固液界面热阻分别计算后带入固液气共存多孔材料导热系数计算模型中，得到下述计算式：

$$\lambda_{e,m}=\lambda_{RE,t}\cdot\frac{1}{L_0^{D_T-1}}\cdot\frac{2-D_f}{d_{\max}^{2-D_f}-d_{\min}^{2-D_f}}\cdot\frac{d_{\max}^{D_T-D_f+1}-d_{\min}^{D_T-D_f+1}}{D_T-D_f+1} \tag{4-20}$$

式中 $\lambda_{RE,t}$——考虑总固液界面热阻和孔隙平均气体导热系数的表征截面单元导热系数，W/(m・K)。

多孔材料内部总固液界面热阻以及孔隙平均气体导热系数可分别表示为：

$$l_{kt} = -\int_{d_{\min}}^{d_{\max}} l_k d \, dN \tag{4-21}$$

$$\lambda_{g0,av} = \frac{-\int_{d_{\varphi,\min}}^{d_{\varphi,\max}} \frac{\lambda_g}{1+2\beta Kn} \cdot \frac{d^2(\varepsilon-\varphi)}{\varepsilon} dN}{A_p} \tag{4-22}$$

式中　　　　l_{kt}——固液界面总热阻长度，m；

$\quad\quad\quad\lambda_{g,av}$——孔隙平均气体导热系数，W/(m·K)；

$\quad\quad\quad A_p$——材料截面气体的面积，m²；

$d_{\varphi,\max}$ 和 $d_{\varphi,\min}$——分别为材料内部湿空气所占空间的最小和最大孔径，m。

通过计算可得到：

$$l_{kt} = \frac{l_k D_f d_{\max}^{D_f}(d_{\max}^{1-D_f} - d_{\min}^{1-D_f})}{1-D_f} \tag{4-23}$$

$$\lambda_{g0,av} = \lambda_g \frac{2-D_f}{d_{\max}^{2-D_f} - d_{\min}^{2-D_f}} \cdot \left[\frac{d^{3-D_f}{}_2 F_1(1,3-D_f,4-D_f,-d/G)}{G(3-D_f)} \right]_{d_{\min}}^{d_{\max}} \tag{4-24}$$

式中，$G = \frac{2\beta l_m \varepsilon}{\varepsilon - \varphi}$。

式（4-20）即为静态湿分布条件的基于分形理论的液、气空间替换的固液气共存多孔材料导热系数计算模型。该模型考虑了材料固体骨架、液态湿分以及湿空气之间的综合导热作用，以及它们的微尺度传热效应；在材料结构上涉及了孔隙的孔径分布、孔隙率、孔隙迂曲度、迂曲度分形维数及面积分形维数等描述多孔材料结构的重要参数。

4.4　静态湿分布建筑材料导热系数实验分析

本节研究建立了静态湿分布条件的基于分形理论的三相共存多孔建筑材料导热系数计算模型，该模型基于较为理想的多孔材料孔隙结构以及湿分分布形态，而实际上含湿多孔建筑材料内部结构较为复杂且湿分分布不均匀。为真实反映多种建筑材料导热系数与含湿量、孔隙率、孔径分布等主要参数的关系，以及验证静态湿分布多孔建筑材料导热系数计算模型，以下将对静态湿分布多孔建筑材料导热系数开展实验分析。

4.4.1　实验方案

1. 实验材料

考虑到孔隙结构对材料导热系数的影响，选择孔隙结构各异的多种常见建筑材料：普通混凝土、黏土砖、加气混凝土及泡沫混凝土（此建筑材料选择与第4.2节中孔隙结构分析材料相同），作为研究对象进行分析。

为对比不同孔隙率对静态湿分布多孔建筑材料导热系数影响，分别选择孔隙不同的两种普通混凝土、加气混凝土和泡沫混凝土。实验建筑材料试件如图4-7所示，试件尺寸：普通混凝土和泡沫混凝土长宽厚度分别约为300mm、300mm和30mm，黏土砖长宽厚度分别约为240mm、230mm和24mm，加气混凝土长宽厚度分别约为300mm、240mm和24mm。

图 4-7　实验建筑材料试件

注：Ⅰ为普通混凝土 A、Ⅱ为泡沫混凝土 A、Ⅲ为普通混凝土 B、Ⅳ为加气混凝土 A、
Ⅴ为泡沫混凝土 B、Ⅵ为黏土砖、Ⅶ为加气混凝土 B。

2. 实验仪器

建筑材料导热系数测试主要有稳态方法和非稳态方法。稳态法原理比较简单，计算方便，测量精度高[14]；同时考虑到非稳态法测试含湿材料过程中会产生湿分的迁移，且湿分迁移作用对含湿材料导热系数影响大小较难确定。因此，实验采用稳态法测试静态湿分布多孔建筑材料导热系数。实验仪器采用平板导热仪（TPMBE-300），如图 4-8 所示，其主要由仪器主体、循环冷却水箱和监控系统组成。

图 4-8　平板导热仪（TPMBE-300）

平板导热仪的原理：在仪器计量区域的平板试件中建立类似于两侧表面温度均匀的无限大平板一维稳态导热模型，在稳态传热条件下，通过测定流过试件的热流、试件面积及试件冷、热表面温度差，根据 Fourier 定律，可得出试件的导热系数[15]。

$$\lambda = \frac{Q\delta}{A\Delta T} \tag{4-25}$$

式中　λ——材料导热系数，W/(m·K)；

　　　Q——热流，W；

　　　A——试件面积，m²；

　　　δ——试件厚度，m；

　　　ΔT——冷热板温差，℃。

实验测试仪器平板导热仪（TPMBE-300）主要参数如下：

（1）最大可测试件尺寸：300mm×300mm×37.5mm（长×宽×高）；

（2）温度控制精度：热板±0.1℃，冷板±0.1℃；

（3）仪器的测量精度：3%；

（4）导热系数测定范围：0.01～1.60W/(m·K)。

3. 实验过程

含湿多孔建筑材料试件在测试过程中，测试时间相对较长，试件两侧表面存在温差，会引起水分的迁移和重新分布。为了防止实验过程中试件中的水分向空气扩散，采用不透水塑料薄膜包裹试件。其主要测试过程如下（见图4-9）：

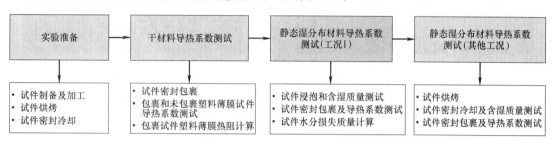

图4-9　静态湿分布建筑材料导热系数实验流程

（1）将制备及加工完善的试件放置烘箱中，在150℃左右的工作温度下烘烤，直至试件重量基本不变。将干燥试件放置于密封塑料袋中冷却至常温，利用平板导热仪分别测试包裹和不包裹塑料薄膜干燥试件的导热系数，并计算由包裹塑料薄膜引起的附加热阻。

（2）将干燥试件放置水中浸泡（见图4-10），试件浸泡48h后，每隔24h取出试件擦干表面水分后进行称重，当前后两次含湿试件质量之差小于后次测试质量的0.5%左右时，试件浸水过程结束。利用不透水塑料薄膜包裹试件（见图4-11），并利用电子天平测试包裹塑料薄膜试件的质量。

图4-10　试件浸泡

图4-11　试件密封包裹

（3）利用实验仪器测试包裹塑料薄膜试件的导热系数，根据不同类型试件浸泡后含水质量，将浸泡后试件放置中烘箱中分别烘至不同含水状态（见图4-12），并测定不同含湿量下试件的导热系数（见图4-13）。

在建筑材料试件导热系数测试过程中，平板导热仪热板和冷板温度分别设定为35℃和15℃，每种工况测试三次。

图 4-12　含湿试件烘烤　　　　　　图 4-13　密封包裹含湿试件导热系数测试

4.4.2　实验结果与分析

在含湿建筑材料测试过程中，虽然材料内部湿分会向试件冷侧迁移，造成材料内部湿分分布不均匀，但测试稳定时，材料内部分布将处于静态分布状态，且实验导热系数取值为稳定时测试结果。因此，含湿试件实验测试结果为静态湿分布建筑材料导热系数。由于试件中湿分非均匀性不易确定，且试件厚度相对较薄，可忽略材料内部湿分非均匀性对导热系数的影响。

1. 体积含湿率对建筑材料导热系数影响

试件在相同工况下被测试三次，当三次测试最终结果中含湿量不同时，采用线性差分对测试值进行处理。各试件包裹的塑料薄膜的热阻如表 4-3 所示。

包裹含湿试件的塑料薄膜热阻　　　　　　表 4-3

试件	普通混凝土 A	普通混凝土 B	黏土砖	加气混凝土 A	加气混凝土 B	泡沫混凝土 A	泡沫混凝土 B
R_p $(m^2 \cdot K/W)$	0.00067	0.00062	0.00071	0.00089	0.00093	0.00117	0.00104

测试中各试件最大体积含湿率与饱和度如表 4-4 所示。

试件最大体积含湿率与饱和度　　　　　　表 4-4

试件	普通混凝土 A	普通混凝土 B	黏土砖	加气混凝土 A	加气混凝土 B	泡沫混凝土 A	泡沫混凝土 B
$v_{max}(m^3/m^3)$	0.0938	0.1230	0.2604	0.4480	0.3325	0.3351	0.3787
Sr_{max}	0.7023	0.7646	0.8172	0.7711	0.6550	0.4704	0.4893

图 4-14 为建筑材料的体积含湿率和含湿材料与干材料导热系数之比的关系。由图 4-14可知，建筑材料导热系数随体积含水率的增加而增大，不同类型的材料的导热系数增加幅度不同。

对于泡沫混凝土和加气混凝土，含湿率的增加对其导热系数的影响非常明显，当体积含湿率达到 10% 时，泡沫混凝土和加气混凝土的导热系数分别增加了 200% 和 100% 左右，黏土砖和普通混凝土分别增大了 30% 和 15% 左右。其主要是由于泡沫混凝土和加气混凝土孔隙率较大，当材料内部大量高导热系数的液态水代替低导热系数的空气时，对材料的传热有明显的增益作用。而对于普通混凝土和黏土砖，含湿率对其导热系数的影响相对较小。可见建筑材料孔隙率越大，含湿率对其导热系数的影响越明显。

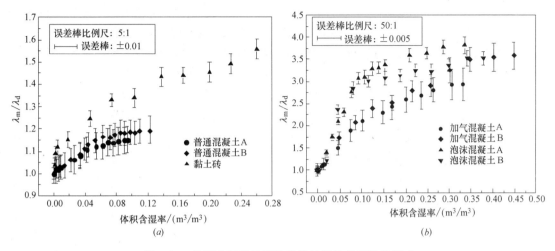

图 4-14　体积含湿率对实验建筑材料导热系数的影响
(a) 普通混凝土和黏土砖；(b) 加气混凝土和泡沫混凝土

在不同含湿量范围内，材料导热系数变化幅度也不同。含水量从零至较小幅度增加时，水分主要以多分子和毛细吸附形式附着在材料骨架表面，吸附水分导热作用较强，有利于水分与骨架之间的传热。尤其是普通混凝土和黏土砖，由于其孔隙主要为微观孔，固体骨架对吸附水作用力较强，吸附水对其导热系数增强效果明显。

泡沫混凝土与加气混凝土体积含水率在 0～0.1 范围内，导热系数急剧增大，之后随含湿率的增大，导热系数的增加幅度变小，对于泡沫混凝土更为明显。在材料内部出现吸附水之后，随着水分进一步增大，材料内部逐渐出现凝结水，随着凝结水的增多，凝结水在骨架之间连接成液桥，液桥的存在增强了液桥两侧骨料之间的传热，使导热系数增加幅度变大。加气混凝土和泡沫混凝土内部骨架之间孔隙率和孔径较大，其内部主要为宏观孔，骨架连接处固体材料所占比例较小。因此，液桥的影响作用对于泡沫混凝土和加气混凝土的影响较为明显。液桥的存在增加了骨架之间的传热。当材料含水率进一步增加时，液态水与空气混合占据材料内部孔隙，而使水分的传热增益作用减弱。

可见随着含湿率的增大，在低含湿率范围内，导热系数增加幅度较大，在高含湿率范围增加幅度变小，且材料孔隙率和孔径越大，此变化趋势越明显。例如，含湿率从 0 增至 10% 时，泡沫混凝土 A 和 B 的导热系数增加了 200% 左右；而含湿率从 10% 增至 30%，泡沫混凝土 A 和 B 的导热系数分别增加了 70% 和 40% 左右。

2. 实验数据误差分析

为确定静态湿分布建筑材料导热系数可靠性，利用标准差对实验数据进行误差分析。实验数据标准差公式为：

$$\sigma = \sqrt{\frac{1}{n}\sum_{i=1}^{n}(\lambda_i - \bar{\lambda})^2} \tag{4-26}$$

式中　n——同一工况的测试次数；

　　　i——序数；

λ_i——材料导热系数的第 i 次测试值，W/(m·K)；

$\bar{\lambda}$——同一工况的材料导热系数平均值，W/(m·K)。

如图 4-14 所示，静态湿分布普通混凝土、黏土砖、加气混凝土和泡沫混凝土导热系数实验数据的标准差分别在 0.009~0.0123，0.005~0.009，0.0014~0.0072 及 0.0006~0.0036 范围内。由于图 4-14 中纵坐标为静态湿分布材料和干材料导热系数之比，考虑到误差棒和纵坐标的匹配性，普通混凝土和黏土砖导热系数的误差棒被放大 5 倍，加气混凝土与泡沫混凝土导热系数的误差棒被放大 50 倍。建筑材料导热系数实验误差在高含湿率时相对较大，主要是由于含湿率较高时，材料导热系数较大，同时导热系数测试过程中材料中湿分损失量相对增加。因此，在实验过程中提高材料的密封性可更有效地提高静态湿分布材料导热系数的实验数据准确性。

3. 材料导热系数与质量含湿量拟合关系分析

工程中静态湿分布多孔建筑材料导热系数和质量含湿量的定量关系常用线性函数表示[16,17]：

$$\lambda_{e,m}=\lambda_d+cu \tag{4-27}$$

式中 λ_d——干材料导热系数，W/(m·K)；

u——材料含湿量，kg/kg；

c——经验常数。

根据文献[18,19]和本章实验研究结果显示，多孔建筑材料的导热系数与含湿量近似成幂函数关系。由图 4-14 可知，在含湿量变化范围较小时，材料导热系数与含湿量近似呈线性关系。一般情况下，建筑材料内含湿量较小，可采用式（4-27）计算静态湿分布建筑材料导热系数。当材料含湿量变化范围较大时，采用线性拟合关系式计算静态湿分布材料导热系数会出现较大误差。因此，需对式（4-27）进行改进，根据实验结果采用幂函数关系式对建筑材料导热系数与质量含湿量进行拟合分析，如图 4-15 所示，并得到拟合系数，见表 4-5。

$$\lambda_{e,m}=\lambda_d+au^b \tag{4-28}$$

式中 a 和 b——拟合系数。

由表 4-5 可知，采用幂函数关系式对建筑材料导热系数和质量含湿量进行拟合，拟合结果相关系数较高。除黏土砖以外，材料导热系数与质量含湿量幂函数关系中指数 b 主要在 0.6~0.8 范围内，拟合系数 a 随着孔隙率的增大而减小。

静态湿分布建筑材料导热系数拟合系数   表 4-5

实验材料	λ_d[W/(m·K)]	a	b	R^2
普通混凝土 A	0.9873	1.3920	0.6632	0.986
普通混凝土 B	0.9205	1.2870	0.6192	0.966
黏土砖	0.4208	0.5371	0.4473	0.987
加气混凝土 A	0.1387	0.6513	0.7205	0.988
加气混凝土 B	0.1023	0.5302	0.7826	0.992
泡沫混凝土 A	0.0543	0.2214	0.7576	0.967
泡沫混凝土 B	0.0490	0.1862	0.6454	0.958

4.4.3　建筑材料导热系数计算模型验证

利用分形维数计算软件 Fractal Fox 中二维盒维数算法对实验建筑材料 SEM 图片进行分析，得到材料截面孔隙数目 N_r（A）与孔隙尺寸 r 之间的对数拟合关系，如图 4-16 所

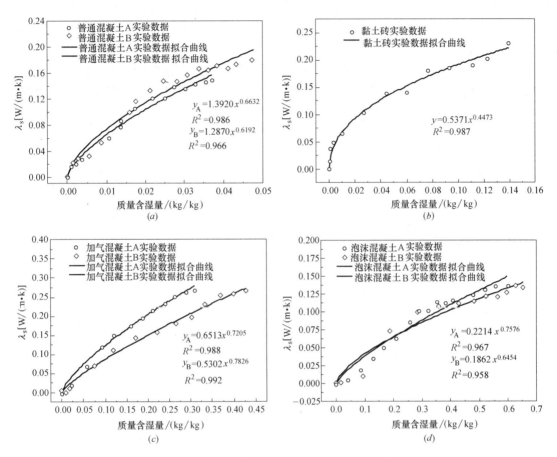

图 4-15　实验静态湿分布建筑材料导热系数拟合分析

(a) 普通混凝土；(b) 黏土砖；(c) 加气混凝土；(d) 泡沫混凝土

示，进而获得了材料孔隙面积孔隙维数 D_f。各建筑材料 $N_r(A)$ 与孔隙尺寸 r 的自然对数均呈现良好的线性关系，拟合优度均较高，因此在实验测定的孔径范围内，孔径分布满足分形标度率，也再次说明了以分形理论处理多孔建筑材料孔隙结构的合理性。

根据前一节中建筑材料孔隙率分析可知，可近似认为平均体积孔隙率等于平均面积孔隙率。多孔材料截面上孔隙通道平均迂曲度可根据其与面积孔隙率的拟合关系式进行确定[20]。

$$\tau_{av}=0.8(1-\varepsilon)+1 \tag{4-29}$$

根据文献 [21] 给出的多孔材料孔隙迂曲度分形维数与平均迂曲度的关系，可得出实验建筑材料孔隙迂曲度分形维数。通过以上分析得到实验建筑材料孔隙迂曲度及其分形维数，如表 4-6 所示。

实验建筑材料孔隙迂曲度及其分形维数　　　　　　　表 4-6

材料	普通混凝土 A	普通混凝土 B	黏土砖	加气混凝土 B	加气混凝土 A	泡沫混凝土 A	泡沫混凝土 B
D_f	1.5929	1.6263	1.6498	1.7074	1.7378	1.7736	1.7823
τ	1.6931	1.6713	1.5450	1.3940	1.3352	1.2301	1.1809
D_T	1.1387	1.1353	1.1141	1.0863	1.0747	1.0529	1.0423

利用静态湿分布建筑材料导热系数计算模型以及实验建筑材料相关参数，其中普通混凝土固体骨架导热系数约为 3.35W/(m·K)[22]，计算得到普通混凝土导热系数理论计算值，其与实验数据对比，如图 4-17 所示。

对于普通混凝土，体积含湿率在 0～0.12 范围内，静态湿分布材料导热系数理论模型计算结果与实验数据总体上相差在 5% 以内。从材料导热系数随含湿率的变化特性上看，在低含湿率范围，理论模型计算结果低于实验数据，而在中等含湿率范围，理论模型计算结果接近实验数据。

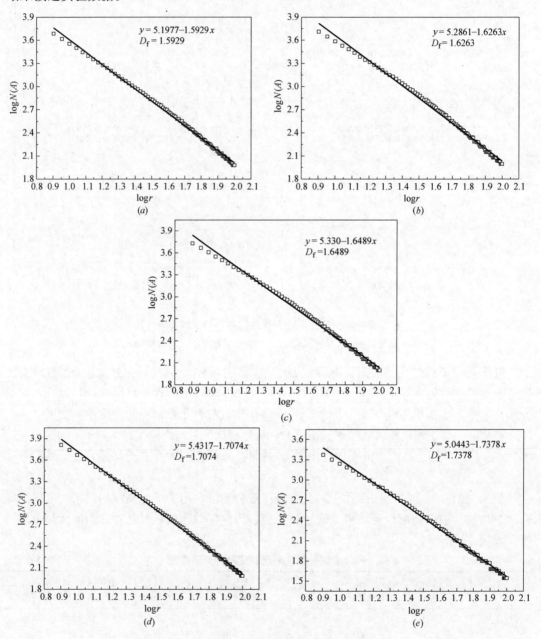

图 4-16　实验建筑材料孔隙面积分形维数（一）

（a）普通混凝土 A；（b）普通混凝土 B；（c）黏土砖；（d）加气混凝土 A；（e）加气混凝土 B

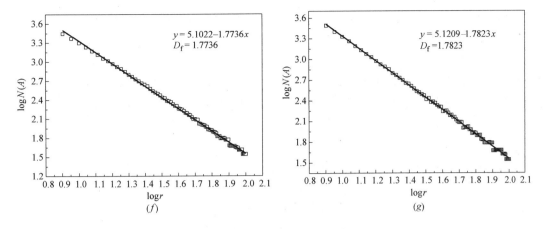

图 4-16　实验建筑材料孔隙面积分形维数（二）

（f）泡沫混凝土 A；（g）泡沫混凝土 B

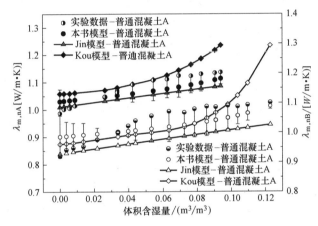

图 4-17　含湿建筑材料导热系数实验数据与理论计算对比

在低含湿量时，湿分在材料内部主要以吸附状态存在，材料对湿分的吸附力较强，该部分吸附湿分导热系数比液态水大[23]。同时，由于微孔表面自由能大，微孔吸附湿分较多，且可能最先被液态湿分填满，从而减弱了孔隙的微尺度传热效应。而导热系数理论模型中未考虑到吸附湿分导热系数差异性，且认为湿分均匀分布在材料孔隙中，使得静态湿分布建筑材料导热系数计算结果与实验数据上存在一定差异。

相对于典型的三相非饱和多孔材料有效导热系数计算模型——Jin 模型[24]和 Kou 模型[25]，在低含湿量范围，体积含湿量低于 0.05m³/m³ 时，本章的模型计算结果与两者计算结果相差较小，相对误差均在 5% 以内。

在中等含湿率范围，体积含湿量在 0.05～0.12m³/m³ 范围，本章的模型计算结果误差明显小于 Jin 模型和 Kou 模型。Jin 模型计算结果普遍低于实验数据，其主要原因是 Jin 模型基于 Sierpinski carpet 分形结构建立，其假设液态水分在多孔材料内部规则分布，认为固体骨架、液态水、气体并联和串联组合部分比例相同，实际中三相并联组合与串联组合部分主要有多孔材料孔隙通道迂曲度决定，而普通混凝土并联组合部分一般大于串联组合部分，因此该模型计算结果偏低于实验数据。

Kou模型材料有效导热系数计算结果随含湿量的增加，增加幅度变大，含湿量较大时，计算结果偏高于实验数据，如对于普通混凝土B，体积含湿量高于0.10m³/m³时，该模型计算结果高于实验数据，且含湿量越大，相对误差越大，当体积含湿量为0.12m³/m³时，计算结果与实验数据相对误差高达15%。其主要原因是材料含湿量越高时，饱和度越大，普通混凝土孔隙中固-气微尺度传热效应越明显，而Kou模型中没有考虑微尺度传热效应，造成其计算结果与实验数据相差较大。

4.5　静态湿分布多孔材料导热系数影响因素分析

本章建立的静态湿分布多孔建筑材料导热系数计算模型涉及固、液、气各相导热系数，各相空间占有比例以及空间分布。其中气体导热系数受孔径大小及分布影响，各相空间占有比例主要通过液态湿分饱和度和孔隙率反映，空间分布主要通过孔隙迁曲度、迁曲度分形维数及面积分形维数反映。众多因素对静态湿分布多孔材料导热影响程度如何，需通过定量分析进行确定。

4.5.1　孔隙率和孔径分布

1. 孔隙率

空气导热系数比多孔建筑材料固体骨架导热系数低1～2个数量级，因此，材料含湿量既定时，孔隙率是影响多孔建筑材料导热系数最为重要的参数。孔隙率的大小不仅影响材料内部固、液、气体积比例，同时也对孔隙迁曲度、迁曲度分形维数以及面积分形维数有不同程度的影响，它们之间的关系利用文献 [20，21] 的相关理论模型以及经验公式进行确定。

利用静态湿分布多孔材料导热系数计算模型，计算获得不同固气导热系数比及不同液态湿分饱和度条件下，孔隙率对导热系数的定量影响，如图4-18～图4-20所示。

当多孔材料固体骨架导热系数大于液态水时，静态湿分布多孔材料导热系数随孔隙率的减小，变化幅度越大，且固气导热系数比越大，此变化特性越明显。

理论上，多孔材料孔隙率可为独立变量。实际情况中，多孔材料孔隙率多为非独立变量，随孔隙率的增大，材料孔隙迁曲度和迁曲度分形维数逐渐降低，而面积分形维数逐渐增大，如图4-19所示。当孔隙率为非独立变量时，多个孔隙结构参数共同影响静态湿分布多孔材料导热系数，以致相对于孔隙率为独立变量时，材料导热系数的变化率降低。

由于静态湿分布多孔材料导热系数计算模型的是在多相态串并联导热模型的基础上获得的，因此静态湿分布多孔材料导热系数变化兼具串、并联多相态材料导热系数模型计算结果所呈现的导热系数变化特性，如图4-19所示。

由图4-20可知，随孔隙率的增大，静态湿分布多孔材料导热系数变化率先减小后增加，在孔隙率小于0.1时，导热系数变化较为明显，在中等孔隙率范围，导热系数变化平缓，且饱和度越低，此变化特性越明显。

2. 孔径分布

材料孔径分布范围越大，孔隙结构越复杂，孔径大小主要影响材料微尺度传热效应。根据微尺度气体导热系数修正计算式，得到孔隙中空气导热系数变化特性，如图4-21所示。

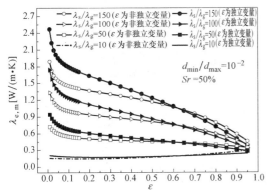

图 4-18 孔隙率对静态湿分布多孔材料导热
系数影响（不同固气导热系数比）

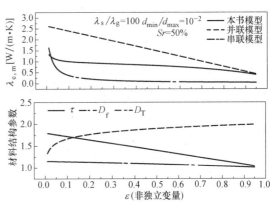

图 4-19 孔隙率对静态湿分布多孔材料导热
系数影响（孔隙率为非独立变量）

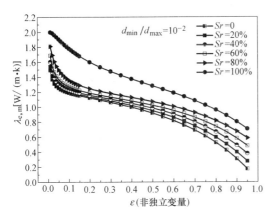

图 4-20 孔隙率对静态湿分布多孔材料导热
系数影响（不同饱和度）

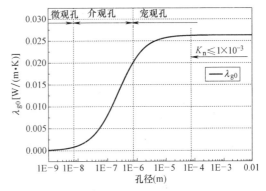

图 4-21 多孔材料孔隙中空气导热系数变化特性

多孔材料孔隙为介观孔时，孔隙中空气导热系数变化较大。当 $K_n \leqslant 1 \times 10^{-3}$，即孔径 $d \geqslant 7.3 \times 10^{-4}$ m 时，可忽略材料内部微孔空气与骨架之间的微尺度传热效应。

多孔材料内部孔径分布函数近似可微时，多孔材料孔径分布范围可用最小孔径与最大孔径比 d_{min}/d_{max} 体现。从相同和不同数量级 d_{min}/d_{max} 进行对比分析孔径分布对静态湿分布多孔材料导热系数影响，如图 4-22 所示。

图 4-22（a）中多孔材料 d_{min}/d_{max} 均为 10^{-2}，在相同 d_{min}/d_{max} 条件下，孔径大小对材料孔隙结构相关参数影响较小，而孔径大小对孔隙内部空气的导热系数影响较大，孔隙尺寸越小时孔隙中空气导热系数越小。因此，随孔径的增大，静态湿分布多孔材料导热系数逐渐增加，然而增加幅度较小，尤其是对于具有较大孔径的材料。

图 4-22（b）中材料 d_{min}/d_{max} 数量级分别为 10^{-2}、10^{-3}、10^{-4} 和 10^{-5}，随着孔径比数量级降低，静态湿分布多孔材料导热系数逐渐减小，且减小幅度较大，如 $d_{max} = 1000\mu m$ 时，d_{min} 由 $10\mu m$ 减小至 $0.01\mu m$，静态湿分布多孔材料导热系数降低了 29%。其主要原因为：d_{min}/d_{max} 与材料面积分形维数密切相关，随着 d_{min}/d_{max} 的减小，材料面积分形维数逐渐增加，孔隙结构越不规则，加剧了多孔材料内部固、液及气体分布的复杂程

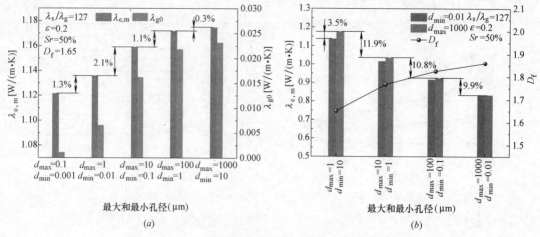

图 4-22 孔径分布对静态湿分布多孔材料导热系数影响

（a）相同数量级最小与最大孔径比；（b）不同数量级最小与最大孔径比

度，从而导致了静态湿分布多孔材料导热系数的降低。

可见，在孔径分布函数近似可微时，最小与最大孔径比是反映孔径分布对静态湿分布多孔材料导热系数影响的最重要参数。

4.5.2 含湿量

对于固液气共存的多孔材料，其内部微尺度传热效应包括固液界面热阻和微尺度湿空气导热系数两部分作用。固液界面热阻主要由总界面热阻长度决定，当多孔材料尺寸较大时，固液界面热阻对导热系数的影响才能起明显作用。由第 4.4.2 节中多孔材料导热分形分析可知，计算模型中材料表征单元特征长度 L_0 较小，如 $\varepsilon = 0.2$、$d_{max} = 100\mu m$，$d_{min} = 0.1\mu m$，材料最小特征长度约为 $4 \times 10^{-4} m$，此时固液界面热阻极小，其影响可不考虑。因此，本节中微尺度传热效应主要考虑孔隙中湿空气导热系数变化对多孔材料导热系数的影响。

多孔建筑材料中湿分含量对材料导热系数的影响最为直观的体现是液态湿分所占的体积比例，因此，采用液态湿分饱和度 Sr 反映含湿量对材料导热系数的影响。饱和度对多孔材料孔隙中湿空气导热系数以及静态湿分布多孔材料导热系数的影响，如图4-23和图4-24所示。

材料内部液态湿分饱和度的增加，提高了高导热系数液态水的体积比例，降低了孔隙中湿空气体积比例，同时也降低了孔隙内微尺度湿空气导热系数，如图4-23所示，尤其是当饱和度高于70%时，微尺度湿空气导热系数减小幅度增大。

由图 4-24 可知，饱和度越高，材料内部孔隙微尺度传热效应越明显，且材料

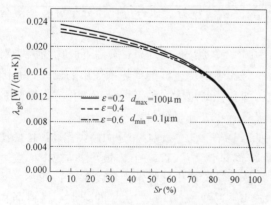

图 4-23 饱和度对材料孔隙中湿空气导热系数影响

孔隙率越小，孔隙微尺度传热对静态湿分布多孔材料导热系数的影响越大。

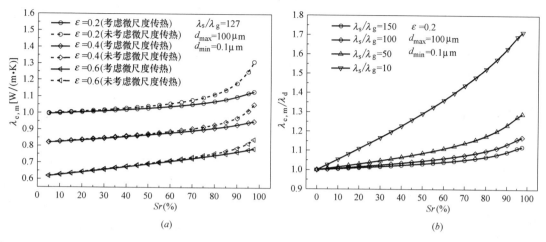

图 4-24 饱和度对静态湿分布多孔材料导热系数影响

(a) 不同孔隙率；(b) 不同固气导热系数比

随着饱和度的增加，孔隙率越小、固气导热系数比越小时，静态湿分布多孔材料导热系数增加幅度越大。当固气导热系数比为 127 时，对孔隙率为 0.2 的材料，饱和度从 5% 增至 95%，静态湿分布多孔材料导热系数增加了约 13%，孔隙率为 0.6 的材料，导热系数增加了 26%。当孔隙率为 0.2 时，对于固气导热系数比为 10 的材料，饱和度由 0 增至 0.9，静态湿分布多孔材料导热系数增加约 63%，对于固气导热系数比为 150 的材料，导热系数仅增加约 9%。

在高饱和度范围，理论计算结果相对于实验数据导热系数变化率相对较大，主要是由于在高饱和度范围，建筑材料中大量自由水的出现，自由水与吸附水分布特性存在一定差异，而导致材料中自由水、吸附水在孔隙中的排列形式更为复杂，与理论模型中均匀湿分布特征存在一定差异。对于基于多相态串并联导热原理得到的静态湿分布多孔材料导热系数计算模型，在高饱和度时，也普遍存在以上特点。同时，由于本章的模型中考虑了材料内部微尺度传热效应，在高含湿量范围降低了实际值与理论模型计算结果之间的偏差。

4.5.3 分形结构参数

1. 孔隙迂曲度和迂曲度分形维数

多孔材料孔隙迂曲度体现了材料内部孔隙通道弯曲程度，迂曲度对材料内部固、液、气分布状态有着重要影响，在实际导热过程中将影响热流及温度的分布特性。在导热系数计算模型中最为直接地体现在固体骨架、液体和气体的串联和并联组合比例。

迂曲度和迂曲度分形维数均可体现孔隙通道弯曲程度，迂曲度侧重反映孔隙通道总长度与对应的材料尺寸比例，而迂曲度分形维数侧重反映孔隙通道不规则程度，孔隙通道弯曲越复杂、越不规则，迂曲度分形维数越大。

迂曲度分形维数与材料迂曲度、孔隙率、孔径分布等因素有关，其中迂曲度对其影响最大。根据第 2 章中建筑材料孔隙迂曲度及迂曲度分析，可发现材料截面孔隙通道迂曲度及迂曲度分形维数主要分布在 1.1~2.0 和 1.0~1.2 范围。

为区别迂曲度以及迂曲度分形维数对静态湿分布多孔材料导热系数的影响，τ 和 D_T

均采用独立变量进行分析，如图 4-25 所示。

由图 4-25 可知，随着迁曲度和迁曲度分形维数的增大，材料导热系数逐渐减小，如材料孔隙率为 0.4 时，迁曲度从 1.1 增加到 2.2，静态湿分布多孔材料导热系数降低约47%。而对不同孔隙率的材料，随着迁曲度的增大，其导热系数降低幅度相差不大，如材料孔隙率分别为 0.2 和 0.6 时，迁曲度从 1.1 增加到 2.2，静态湿分布多孔材料导热系数降低幅度相差约 2%。

随着迁曲度的增加，材料固体骨架、液态湿分、空气串联和并联部分分布比例将发生改变，且并联比例增大，阻碍了材料内部各部分之间的导热。因此，静态湿分布多孔材料导热系数将减小。

随着迁曲度分形维数的增大，静态湿分布多孔材料导热系数逐渐减小，且孔隙率越小，导热系数降低幅度越大。如材料孔隙率为 0.2、迁曲度分形维数从 1 增至 2 时，静态湿分布多孔材料导热系数降低了约 45%，而材料孔隙率为 0.6 时，静态湿分布多孔材料导热系数仅降低了 22%。迁曲度分形维数的增加，增大了固、液、气串联和并联部分排布的复杂性，加剧了材料内部各部分之间的导热阻碍作用。

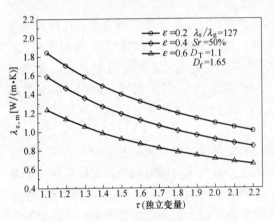

图 4-25　迁曲度对静态湿分布多孔材
料导热系数影响

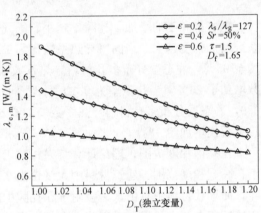

图 4-26　迁曲度分形维数对静态湿分
布多孔材料导热系数影响

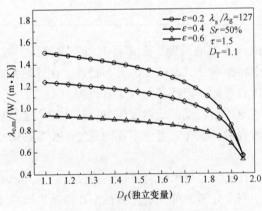

图 4-27　面积分形维数对静态湿
分布多孔材料导热系数影响

2. 孔隙面积分形维数

面积分形维数反映了多孔介质截面复杂形体所占的有效空间，也是多孔介质内部空间不规则性的重要度量参数[21]。多孔材料截面的复杂、不规则程度可用固体骨架面积分形维数和孔隙面积分形维数体现，在本章中采用孔隙面积分形维数。材料孔隙率和孔径分布对材料截面孔隙面积分形维数有重要影响。当孔隙率不变时，孔径分布范围越大，面积分形维数越大，其材料截面的孔隙复杂程度相对较高。而反映多孔材料孔隙复杂程度的主要是孔径分布特性。因此，影响面积分形维数最重要的参数是孔隙率和孔径分布范围。

由图 4-27 可知，随面积分形维数增大，静态湿分布多孔材料导热系数逐渐减小，且导热系数减小幅度逐渐增大，尤其是面积分形维数高于 1.8 时，此变化趋势更加明显。对于孔隙率为 0.2 材料，面积分形维数从 1.1 增至 1.5，与从 1.5 增至 1.9 时，导热系数分别降低了约 8% 和 31%。

对于不同孔隙率的材料，孔隙率越小，导热系数随面积分形维数的变化幅度越大，如面积分形维数从 1.1 增至 1.9，对于孔隙率为 0.6 的材料，其导热系数降低约 28%，而对于孔隙率为 0.2 的材料，其导热系数降低了约 44%。

本章参考文献

[1] M. Salzer, A. Spettl, O. Stenzel, et al. A two-stage approach to the segmentation of FIB-SEM images of highly porous materials. Materials Characterization, 2012, 69: 115-126.

[2] 王红梅. 压汞法测定多孔材料孔结构的误差. 广州化工, 2009, 37 (1): 109-111.

[3] 俞昌铭. 多孔介质传热传质及其数值分析. 北京: 清华大学出版社, 2011.

[4] 陈永主. 多孔材料制备与表征. 合肥: 中国科技大学出版社, 2010.

[5] 赵振国. 吸附作用应用原理. 北京: 化学工业出版社, 2005.

[6] 德鲁·迈尔斯. 表面、界面和胶体: 原理及应用. 北京: 化学工业出版社, 2005.

[7] 彭昊. 建筑围护结构调湿材料理论和实验的基础研究. 上海: 同济大学, 2006.

[8] 陈启高. 建筑热物理基础. 西安: 西安交通大学出版社, 1991.

[9] B. M. Yu, J. H. Li. Some fractal characters of porous media. Fractals, 2001, 9 (3): 365-372.

[10] F. A. L. Dullien. Porous media: Fluid transport and pore structure. San Diego: Academic Press, 1992.

[11] B. M. Yu, P. Cheng. A fractal permeability model for bi-dispersed porous media. International Journal of Heat and Mass Transfer, 2002, 45: 2983-2993.

[12] T. J. Miao, S. J. Cheng, A. M. Chen, et al. Analysis of axial thermal conductivity of dual-porosity fractal porousmedia with random fractures. International Journal of Heat and Mass Transfer, 2016, 102: 884-890.

[13] B. M. Yu. Analysis of flow in fractal porous media. Applied Mechanics Reviews, 2008, 61 (5): 1-8.

[14] 邓朝晖. 建筑材料导热系数的影响因素及测定方法. 工程质量, 2008, (7): 15-18.

[15] GB/T 10294—2008. 绝热材料稳态热阻及有关特性的测定防护热板法. 北京: 中国标准出版社, 2008.

[16] A. H. Shin, U. Kodide. Thermal conductivity of ternary mixtures for concrete pavements. Cement and Concrete Composites, 2012, 34 (4): 575-582.

[17] Z. Suchorab, D. Barnat-Hunek, H. Sobczuk. Influence of moisture on heat conductivity coefficient of aerated concrete. Ecological Chemistry and Engineering S, 2011, 18 (1): 111-120.

[18] F. Gori, S. Corasaniti. Experimental measurements and theoretical prediction of the thermal conductivity of two- and three-phase water/olivine systems. International Journal of Thermophysics, 2003, 24: 1339-1353.

[19] N. B. Vargaftik. Tables on the thermophysical properties of liquids and gases. 2nd Ed. New Work: John Wiley and Sons Inc., 1975.

[20] A. Koponen, M. Kataja, J. Timonen. Permeability and effective porosity of porous media. Physical Review E, 1997, 56 (3): 3319-3325.

[21] 郁伯铭，徐鹏，邹明清，等. 分形多孔介质输运物理. 北京：科学出版社，2014.

[22] R. Singh，R. S. Beniwal，D. R. Chaudhary. Thermal conduction of multi-phase systems at normal and different interstitial air pressures. Journal of Physics D Applied Physics，2000，20 (7)：917.

[23] C. J. Yu，A. G. Richter，A. Datta，et al. Molecular layering in a liquid on a solid substrate：an X-ray reflectivity study. Physica B：Condensed Matter，2000，283 (1-3)：27-31.

[24] H. Q. Jin，X. L. Yao，L. W. Fan，et al. Experimental determination and fractal modeling of the effectivethermal conductivity of autoclaved aerated concrete：Effects of moisture content. International Journal of Heat and Mass Transfer，2016，92：589-602.

[25] J. L. Kou，Y. Liu，F. M. Wu，et al. Fractal analysis of effective thermal conductivity for three-phase (unsaturated) porous media. Journal of Applied Physics，2009，106 (5)：1-6.

第5章　动态湿迁移对多孔建筑材料导热过程的影响

5.1　概　　述

静态湿分主要以导热方式影响材料内部热量变化，而迁移湿分主要通过湿分传递过程导致材料焓值变化。多孔建筑材料中热湿传递高度耦合，且湿分传递过程中可能发生湿相变。本章将材料热湿耦合传递过程中湿传递对传热影响作用等效为导热，在第 5.2 节通过对多孔建筑材料热湿耦合传递机理分析，建立无湿相变的热湿耦合传递控制方程，并在无湿相变的热湿耦合传递方程的基础上，建立有湿相变的热湿耦合传递方程；在第 5.3 节中阐述了湿迁移和湿相变引起的材料附加导热系数的计算方法，在第 5.4 节中利用有/无湿相变的热湿耦合传递数学模型，以及湿传递引起的附加导热系数计算方法，分析室内外热湿参数对附加导热系数的影响；第 5.5 节中结合两部分相关理论，分析静态和迁移湿分对材料导热系数的联合作用，为含湿多孔建筑材料导热系数修正提供理论基础。

5.2　多孔材料热湿耦合传递数学模型

湿传递有两种情况：一种是不发生相变，湿分仅以显热形式影响传热；另一种是发生湿相变，湿分以显热和潜热两种形式影响传热。多孔材料热湿耦合传递过程复杂，且材料内部结构不规则，为简化计算过程，对热湿传递数学物理模型进行以下假设：

（1）认为干燥的多孔建筑材料均匀分布且各向同性；

（2）多孔建筑材料热湿耦合传递过程按一维处理；

（3）忽略材料内部液态湿分及湿空气中压缩功和黏性耗散；

（4）材料内部固、液、气三相处于局部热平衡，液态湿分和气态湿分处于局部湿平衡；

（5）环境及材料内部空气及水蒸气为理想气体；

（6）各相态之间满足压力平衡。

5.2.1　材料内部无湿相变

通过对多孔建筑材料热湿耦合传递机理分析，以水蒸气分压力差和温度差为驱动势，建立无湿相变条件的热湿耦合传递控制方程。

1. 湿传递方程

多孔材料中湿分传递包括液态湿分和气态湿分传递，其湿平衡方程可表示为：

$$\frac{\partial w}{\partial t}+\frac{\partial}{\partial x}(J_v+J_l)=0 \tag{5-1}$$

式中　w——多孔材料体积含湿量，kg/m^3；

J_v——多孔材料内部水蒸气流量，$kg/(m^2 \cdot s)$；

J_l——多孔材料内部液态水流量，$kg/(m^2 \cdot s)$。

当多孔材料内部无湿相变时，材料内部湿分变化量可根据含湿量与相对湿度以及水蒸气分压力之间的关系进行转换确定。

$$\frac{\partial u}{\partial t} = \frac{\partial u}{\partial \varphi} \frac{\partial \varphi}{\partial P_v} \frac{\partial P_v}{\partial t} \tag{5-2}$$

式中　u——多孔材料质量含湿量，kg/kg；

P_v——水蒸气分压力，Pa；

φ——相对湿度。

其中，$w = u\rho$，$\xi = \dfrac{\partial u}{\partial \varphi}$，$\varphi = \dfrac{P_v}{P_{v,sat}}$。

则多孔材料体积含湿量与内部水蒸气分压力关系可表示为：

$$\frac{\partial w}{\partial t} = \rho \xi \frac{1}{P_{v,sat}} \frac{\partial P_v}{\partial t} \tag{5-3}$$

式中　ξ——多孔材料的等温吸附曲线斜率；

ρ——多孔材料密度，kg/m^3；

$P_{v,sat}$——饱和水蒸气分压力，Pa。

根据 Fick 定律，多孔材料内部水蒸气流量可表示为：

$$J_v = -k_v \frac{\partial P_v}{\partial x} \tag{5-4}$$

式中　k_v——水蒸气渗透系数，$kg/(Pa \cdot m \cdot s)$。

根据 Darcy 定律，多孔材料内部液态水流量可表示为：

$$J_l = -k_l \left(\frac{\partial P_l}{\partial x} - \rho_l g \right) \tag{5-5}$$

式中　k_l——液态水传导系数，$kg/(Pa \cdot m \cdot s)$；

P_l——液态水压力，Pa；

ρ_l——液态水密度，kg/m^3。

多孔建筑材料中由于重力导致的液态水迁移量可忽略，则：

$$J_l = -k_l \frac{\partial P_l}{\partial x} \tag{5-6}$$

当多孔建筑材料内部毛细孔发生凝聚现象时，水蒸气分压力与孔隙尺寸之间的关系可由 Kelvin 方程表示[1]：

$$\ln \frac{P_v}{P_{v,sat}} = -\frac{\sigma_l V_l}{R_v T_k} \frac{1}{r_m} \tag{5-7}$$

式中　σ_l——液态水表面张力，N/m；

r_m——毛细管半径，m；

R_v——水蒸气气体常数，$J/(kg \cdot K)$；

T_k——温度，K；

V_l——液态水比容，m^3/kg。

毛细压力与毛细管凝聚态水表面张力关系可由 Young-Laplace 方程表示[2]：

$$P_c = \frac{\sigma_l}{r_m} \tag{5-8}$$

式中 P_c——毛细压力，Pa。

由式（5-7）和式（5-8）可知，毛细压力可表示为：

$$P_c = -\frac{\rho_l R T_k}{M} \ln \frac{P_v}{P_{v,sat}} \tag{5-9}$$

式中 R——通用气体常数，J/(mol·K)；

M——水的摩尔质量，kg/mol。

多孔材料内部液态水传递驱动势主要为毛细压力，且液态水流量与毛细压力成正比，因此，液态水流量可表示为：

$$J_l = k_l \frac{\partial P_c}{\partial x} = k_l \frac{\partial}{\partial x} \left(-\frac{\rho_l R T_k}{M} \ln \frac{P_v}{P_{v,sat}} \right) \tag{5-10}$$

饱和水蒸气分压力是温度的单值函数[3]，因此，由式（5-10）可得液态水流量为：

$$J_l = -k_l \frac{\rho_l R}{M} \left(\ln \frac{P_v}{P_{v,sat}} \frac{\partial T}{\partial x} + \frac{T_k}{P_v} \frac{\partial P_v}{\partial x} - \frac{T_k}{P_{v,sat}} \frac{\partial P_{v,sat}}{\partial T} \frac{\partial T}{\partial x} \right) \tag{5-11}$$

认为饱和水蒸气为理想气体，由 Clausius-Clapeyron 方程，饱和水蒸气分压力随温度变化率可表示为[4]：

$$\frac{\partial P_{v,sat}}{\partial T} = \frac{\Delta h_v}{T_k(V_v - V_l)} \tag{5-12}$$

式中 V_v——水蒸气比容，m³/kg；

Δh_v——水蒸气或液态水相变潜热量，J/kg。

水的相变潜热量主要与温度有关，可表示为：$\Delta h_v = (2500 - 2.4T) \times 10^3$。

忽略液态水比容，式（5-12）可表示为[4]：

$$\frac{\partial P_{v,sat}}{\partial T} = \frac{\Delta h_v}{T_k V_v} = \frac{P_{v,sat} \Delta h_v}{R_v T_k^2} \tag{5-13}$$

则多孔材料内部液态水质量流量可表示为：

$$J_l = -k_l \frac{\rho_l R}{M} \left(\ln \frac{P_v}{P_{v,sat}} \frac{\partial T}{\partial x} + \frac{T_k}{P_v} \frac{\partial P_v}{\partial x} - \frac{\Delta h_v}{R_v T_k} \frac{\partial T}{\partial x} \right) \tag{5-14}$$

综合以上分析，多孔材料湿平衡方程可表示为：

$$\rho \xi \frac{1}{P_{v,sat}} \frac{\partial P_v}{\partial t} + \frac{\partial}{\partial x} \left(-\left(k_v + k_l \frac{\rho_l R T_k}{M P_v} \right) \frac{\partial P_v}{\partial x} - k_l \frac{\rho_l R}{M} \left(\ln \frac{P_v}{P_{v,sat}} - \frac{\Delta h_v}{R_v T_k} \right) \frac{\partial T}{\partial x} \right) = 0 \tag{5-15}$$

在计算分析中，饱和水蒸气分压力可根据其与对应的温度之间的拟合关系式进行确定[5]。

$$P_{v,sat}(T) = 610.5 \exp \left(\frac{17.269T}{237.3 + T} \right) \tag{5-16}$$

多孔材料内部液态水传导系数较难测试，且对于多孔建筑材料缺乏相应液态水传导系数，一般可根据多孔材料内部液态水传导系数与水蒸气扩散系数等参数之间的关系进行确定[6]。

$$k_l = \frac{D_v \varphi \rho_{v,sat}}{R_v T \rho_l} \tag{5-17}$$

式中 D_v——水蒸气扩散系数，m²/s；

$\rho_{v,sat}$——饱和水蒸气密度，kg/m^3。

水蒸气扩散系数和水蒸气渗透系数关系可表示为[7]：

$$D_v = k_v R_v T_k \tag{5-18}$$

由此可得，液态水传导系数与水蒸气渗透系数关系为：

$$k_l = \frac{k_v \rho_v T_k}{T \rho_l} \tag{5-19}$$

2. 热传递方程

多孔材料内能的变化等于水蒸气和液态水传递过程产生的热量以及材料内部的导热量，因此多孔材料热平衡方程可表示为：

$$\rho c_p \frac{\partial T}{\partial t} + \frac{\partial}{\partial x}(h_l J_l + h_v J_v) = -\frac{\partial}{\partial x}(q_{con}) \tag{5-20}$$

式中　　q_{con}——多孔材料导热量，$J/(W \cdot m^2)$；

　　　　h_v 和 h_l——分别为水蒸气和液态水的焓，J/kg。

水蒸气和液态水的焓可分别表示为：

$$h_v = \Delta h_v + c_{pv}(T - T_0) \tag{5-21}$$

$$h_l = c_{pl}(T - T_0) \tag{5-22}$$

式中　c_{pv} 和 c_{pl}——分别为水蒸气和液态水定压比热容，$J/(kg \cdot K)$。

综合以上分析，多孔材料热平衡方程可表示为：

$$\rho c_p \frac{\partial T}{\partial t} + \frac{\partial}{\partial x}\left[-\left(h_v k_v + h_l k_l \frac{\rho_l R}{M}\frac{T_k}{P_v}\right)\frac{\partial P_v}{\partial x} - h_l k_l \frac{\rho_l R}{M}\left(\ln\frac{P_v}{P_{v,sat}} - \frac{\Delta h_v}{R_v T_k}\right)\frac{\partial T}{\partial x}\right] = \frac{\partial}{\partial x}\left(\lambda_e \frac{\partial T}{\partial x}\right) \tag{5-23}$$

为反映材料内部水蒸气分压力梯度和温度梯度对热湿传递过程的影响程度，用 $K_{Pv,Pv}$、$K_{Pv,T}$、$K_{T,Pv}$、$K_{T,T}$ 分别表示湿平衡方程和热平衡方程中的相关参数项。

$$K_{Pv,Pv} = k_v + k_l \frac{\rho_l R}{M}\frac{T_k}{P_v} \tag{5-24}$$

$$K_{Pv,T} = k_l \frac{\rho_l R}{M}\left(\ln\frac{P_v}{P_{v,sat}} - \frac{\Delta h_v}{R_v T_k}\right) \tag{5-25}$$

$$K_{T,Pv} = h_v k_v + h_l k_l \frac{\rho_l R}{M}\frac{T_k}{P_v} \tag{5-26}$$

$$K_{T,T} = h_l k_l \frac{\rho_l R}{M}\left(\ln\frac{P_v}{P_{v,sat}} - \frac{\Delta h_v}{R_v T_k}\right) + \lambda_e \tag{5-27}$$

式中　$K_{Pv,Pv}$ 和 $K_{Pv,T}$——分别表示水蒸气分压力梯度作用下的湿传递和热传递系数，$kg/(Pa \cdot m \cdot s)$ 和 $kg/(m \cdot K)$；

　　　　$K_{T,Pv}$ 和 $K_{T,T}$——分别表示温度梯度作用下的湿传递和热传递系数，$W/(Pa \cdot m)$ 和 $W/(m \cdot K)$ 它们表征湿传递和热传递相互之间影响的大小。

3. 定解条件

（1）初始条件

多孔材料内部初始温度和初始水蒸气分压力分布分别为：

$$T(x,t)|_{t=0} = T(x,0) \tag{5-28}$$

$$P_v(x,t)|_{t=0} = P_v(x,0) \tag{5-29}$$

（2）边界条件

材料层外表面（$x=0$ 处）与室外空气湿交换和热交换方程可分别表示为：

$$\left(-K_{P_v,P_v}\frac{\partial P_v}{\partial x}-K_{P_v,T}\frac{\partial T}{\partial x}\right)\bigg|_{x=0}=\frac{h_{m0}}{R_v}\left(\frac{P_{v,out}}{T_{k,out}}-\frac{P_v}{T_k}\bigg|_{x=0}\right) \tag{5-30}$$

$$\left(-\lambda_e\frac{\partial T}{\partial x}-K_{T,P_v}\frac{\partial P_v}{\partial x}-K_{T,T}\frac{\partial T}{\partial x}\right)\bigg|_{x=0}=h_{w0}(T_{out}-T|_{x=0})+\Delta h_v\frac{h_{m0}}{R_v}\left(\frac{P_{v,out}}{T_{k,out}}-\frac{P_v}{T_k}\bigg|_{x=0}\right) \tag{5-31}$$

材料层内表面（$x=l$ 处）与室外空气湿交换和热交换方程可分别表示为：

$$\left(-K_{P_v,P_v}\frac{\partial P_v}{\partial x}-K_{P_v,T}\frac{\partial T}{\partial x}\right)\bigg|_{x=l}=\frac{h_{ml}}{R_v}\left(\frac{P_v}{T_k}\bigg|_{x=l}-\frac{P_{v,in}}{T_{k,in}}\right) \tag{5-32}$$

$$\left(-\lambda_e\frac{\partial T}{\partial x}-K_{T,P_v}\frac{\partial P_v}{\partial x}-K_{T,T}\frac{\partial T}{\partial x}\right)\bigg|_{x=l}=h_{wl}(T|_{x=l}-T_{in})+\Delta h_v\frac{h_{ml}}{R_v}\left(\frac{P_v}{T_k}\bigg|_{x=l}-\frac{P_{v,in}}{T_{k,in}}\right) \tag{5-33}$$

式中 h_{ml} 和 h_{m0}——分别为内外表面质交换系数，m/s；

$P_{v,in}$ 和 $P_{v,out}$——分别为室内和室外空气水蒸气分压力，Pa；

$T_{k,in}$ 和 $T_{k,out}$——分别为室内和室外空气温度，K。

室内外环境中水蒸气与材料层表面发生湿传递的方式为：吸附/解吸或蒸发/凝结；室内外空气与材料层发生热传递的方式为：对流换热；且多孔材料层表面与室内外空气湿传递和热传递耦合作用。在常温条件下，通过对表面热交换和质交换相似准则简化，可直接引用 Lewis 关系式来确定表面质交换系数[8]。

根据 Lewis 关系式，表面质交换系数可表示为：

$$h_m=\frac{h_c}{\rho_a c_{ap}} \tag{5-34}$$

式中 h_m——表面质交换系数，m/s；

ρ_a——环境空气密度，kg/m³；

c_{pa}——环境空气定压比热容，J/(kg·K)。

5.2.2 材料内部有湿相变

针对当前材料内部湿分相变采用宏观湿分扩散理论无法反映湿分相变机理的问题，在无湿相变的热湿耦合传递方程的基础上，结合蒸发冷凝理论，建立有湿相变的热湿耦合传递方程。

1. 湿传递和热传递方程

多孔建筑材料等温吸放湿曲线只能表示相对湿度在 0～100% 内的含湿量变化情况，当材料内部发生湿分凝结或蒸发时，则无法表示材料含湿量的变化。因此，在无湿相变条件下的热湿耦合传递方程的基础上，将相变湿量作为材料内部湿源项引入湿传递方程中，材料中相变热量作为热源项，引入热传递方程中。发生湿相变时，多孔材料湿平衡和热平衡方程可分别表示为：

$$\rho\xi\frac{1}{P_{v,sat}}\frac{\partial P_v}{\partial t}+\frac{\partial}{\partial x}(J_l+J_v)=-\dot{m} \tag{5-35}$$

$$\rho c_p\frac{\partial T}{\partial t}+\frac{\partial}{\partial x}(h_l J_l+h_v J_v)=\frac{\partial}{\partial x}\left(\lambda_e\frac{\partial T}{\partial x}\right)-\dot{m}\Delta h_v \tag{5-36}$$

式中 $\dot{m}$——多孔材料内部湿分蒸发或冷凝率，kg/(m³·s)。

2. 定解条件

多孔材料内部初始温度和初始水蒸气分压力分布分别为：

(1) 初始条件

$$T(x,t)|_{t=0}=T(x,0) \tag{5-37}$$

$$P_v(x,t)|_{t=0}=P_v(x,0) \tag{5-38}$$

(2) 边界条件

材料层外表面（$x=0$ 处）与室外空气湿交换和热交换方程可分别表示为：

$$\left(-K_{Pv,Pv}\frac{\partial P_v}{\partial x}-K_{Pv,T}\frac{\partial T}{\partial x}\right)\Big|_{x=0}=\frac{h_{m0}}{R_v}\left(\frac{P_{v,out}}{T_{k,out}}-\frac{P_v}{T_k}\Big|_{x=0}\right) \tag{5-39}$$

$$\left(-\lambda_e\frac{\partial T}{\partial x}-K_{T,Pv}\frac{\partial P_v}{\partial x}-K_{T,T}\frac{\partial T}{\partial x}\right)\Big|_{x=0}=h_{w0}(T_{out}-T|_{x=0})+\Delta h_v\frac{h_{m0}}{R_v}\left(\frac{P_{v,out}}{T_{k,out}}-\frac{P_v}{T_k}\Big|_{x=0}\right) \tag{5-40}$$

材料层内表面（$x=l$ 处）与室外空气湿交换和热交换方程可分别表示为：

$$\left(-K_{Pv,Pv}\frac{\partial P_v}{\partial x}-K_{Pv,T}\frac{\partial T}{\partial x}\right)\Big|_{x=l}=\frac{h_{ml}}{R_v}\left(\frac{P_v}{T_k}\Big|_{x=l}-\frac{P_{v,in}}{T_{k,in}}\right) \tag{5-41}$$

$$\left(-\lambda_e\frac{\partial T}{\partial x}-K_{T,Pv}\frac{\partial P_v}{\partial x}-K_{T,T}\frac{\partial T}{\partial x}\right)\Big|_{x=l}=h_{wl}(T|_{x=l}-T_{in})+\Delta h_v\frac{h_{ml}}{R_v}\left(\frac{P_v}{T_k}\Big|_{x=l}-\frac{P_{v,in}}{T_{k,in}}\right) \tag{5-42}$$

3. 材料内部湿相变求解方法

在多孔介质内部，在 t_0 时刻材料内部处于温湿度动态平衡时，某 x_0 处在一定温度条件下（T_0），水蒸气分压力 $P_v(x_0,t_0)>P_{v,sat}(x_0)$，则此界面处将出现水蒸气凝结现象。根据多孔材料吸附特征，当水蒸气分压力达到对应温度的 $P_{v,sat}(T)$ 时，材料对水分达到最大吸附值。

通过对经典的蒸发/凝结理论的湿分相变流率的预测修正，水蒸气和液态水的凝结/蒸发流量可根据准平衡条件 Hertz-Knudsen-Schrage 公式进行计算[9]：

$$J_{pha}=\frac{2}{2-\alpha_c}\sqrt{\frac{M}{2\pi R}}\left(\alpha_c\frac{P_v}{T_{kv}^{0.5}}-\alpha_e\frac{P_l}{T_{kl}^{0.5}}\right) \tag{5-43}$$

式中 J_{pha}——湿相变的水分子质量流量，kg/(m²·s)；

α_c——蒸发系数；

α_e——凝结系数，蒸发系数和凝结系数可由实验确定；

P_g——液态水周围蒸汽压力，Pa；

P_l——T_{kl} 温度条件下的液体饱和压力，Pa。

对于本章多孔材料内部湿相变临界条件，P_g 相当于 P_v，P_l 相当于 $P_{v,sat}$。一般情况下，认为 α_c 和 α_e 近似相等，多孔材料内部相变湿流量可表示为：

$$J_{pha}=\frac{2\alpha}{2-\alpha}\sqrt{\frac{M}{2\pi R}}\left(\frac{P_v}{T_k^{0.5}}-\frac{P_{v,sat}}{T_k^{0.5}}\right) \tag{5-44}$$

式中 α——蒸发/凝结系数，对于常温常压条件下的多孔材料可取 0.3[9]。

多孔材料内部湿分蒸发/凝结率可表示为：

$$\dot{m}=\frac{\partial J_{\mathrm{pha}}}{\partial x}=\frac{2\alpha}{2-\alpha}\sqrt{\frac{M}{2\pi R}}\left(\frac{1}{T_{\mathrm{k}}^{0.5}}\frac{\partial P_{\mathrm{v}}}{\partial x}-\frac{P_{\mathrm{v}}}{T_{\mathrm{k}}^{1.5}}\frac{\partial T}{\partial x}-\frac{1}{T_{\mathrm{k}}^{0.5}}\frac{\partial P_{\mathrm{v,sat}}}{\partial T}\frac{\partial T}{\partial x}+\frac{P_{\mathrm{v,sat}}}{T_{\mathrm{k}}^{1.5}}\frac{\partial T}{\partial x}\right) \quad (5\text{-}45)$$

将式（5-13）带入式（5-45）可得：

$$\dot{m}=\frac{2\alpha}{2-\alpha}\sqrt{\frac{M}{2\pi R}}\left(\frac{1}{T_{\mathrm{k}}^{0.5}}\frac{\partial P_{\mathrm{v}}}{\partial x}-\frac{P_{\mathrm{v}}}{T_{\mathrm{k}}^{1.5}}\frac{\partial T}{\partial x}-\frac{\Delta h_{\mathrm{v}}P_{\mathrm{v,sat}}}{R_{\mathrm{v}}T_{\mathrm{k}}^{2.5}}\frac{\partial T}{\partial x}+\frac{P_{\mathrm{v,sat}}}{T_{\mathrm{k}}^{1.5}}\frac{\partial T}{\partial x}\right) \quad (5\text{-}46)$$

湿相变引起的相变热量可表示为：

$$\dot{m}_{\mathrm{pha}}=\frac{2\alpha\Delta h_{\mathrm{v}}}{2-\alpha}\sqrt{\frac{M}{2\pi R}}\left(\frac{1}{T_{\mathrm{k}}^{0.5}}\frac{\partial P_{\mathrm{v}}}{\partial x}-\frac{P_{\mathrm{v}}}{T_{\mathrm{k}}^{1.5}}\frac{\partial T}{\partial x}-\frac{\Delta h_{\mathrm{v}}P_{\mathrm{v,sat}}}{R_{\mathrm{v}}T_{\mathrm{k}}^{2.5}}\frac{\partial T}{\partial x}+\frac{P_{\mathrm{v,sat}}}{T_{\mathrm{k}}^{1.5}}\frac{\partial T}{\partial x}\right) \quad (5\text{-}47)$$

根据相变湿量和相变热量计算式，多孔材料内部发生湿相变时，湿平衡和热平衡方程可分别表示为：

$$\rho\xi\frac{1}{P_{\mathrm{v,sat}}}\frac{\partial P_{\mathrm{v}}}{\partial t}+\frac{\partial}{\partial x}\left(-\left(k_{\mathrm{v}}+k_{l}\frac{\rho_{l}R\,T_{\mathrm{k}}}{M\,P_{\mathrm{v}}}\right)\frac{\partial P_{\mathrm{v}}}{\partial x}-k_{l}\frac{\rho_{l}R}{M}\left(\ln\frac{P_{\mathrm{v}}}{P_{\mathrm{v,sat}}}-\frac{\Delta h_{\mathrm{v}}}{R_{\mathrm{v}}T_{\mathrm{k}}}\right)\frac{\partial T}{\partial x}\right)=$$
$$-\frac{2\alpha}{2-\alpha}\sqrt{\frac{M}{2\pi R}}\left(\frac{1}{T_{\mathrm{k}}^{0.5}}\frac{\partial P_{\mathrm{v}}}{\partial x}-\frac{P_{\mathrm{v}}}{T_{\mathrm{k}}^{1.5}}\frac{\partial T}{\partial x}-\frac{\Delta h_{\mathrm{v}}P_{\mathrm{v,sat}}}{R_{\mathrm{v}}T_{\mathrm{k}}^{2.5}}\frac{\partial T}{\partial x}+\frac{P_{\mathrm{v,sat}}}{T_{\mathrm{k}}^{1.5}}\frac{\partial T}{\partial x}\right) \quad (5\text{-}48)$$

$$\rho c_{\mathrm{p}}\frac{\partial T}{\partial t}+\frac{\partial}{\partial x}\left(-\left(h_{\mathrm{v}}k_{\mathrm{v}}+h_{l}k_{l}\frac{\rho_{l}R\,T_{\mathrm{k}}}{M\,P_{\mathrm{v}}}\right)\frac{\partial P_{\mathrm{v}}}{\partial x}-h_{l}k_{l}\frac{\rho_{l}R}{M}\left(\ln\frac{P_{\mathrm{v}}}{P_{\mathrm{v,sat}}}-\frac{\Delta h_{\mathrm{v}}}{R_{\mathrm{v}}T_{\mathrm{k}}}\right)\frac{\partial T}{\partial x}\right)=$$
$$\frac{\partial}{\partial x}\left(\lambda_{\mathrm{e}}\frac{\partial T}{\partial x}\right)-\frac{2\alpha\Delta h_{\mathrm{v}}}{2-\alpha}\sqrt{\frac{M}{2\pi R}}\left(\frac{1}{T_{\mathrm{k}}^{0.5}}\frac{\partial P_{\mathrm{v}}}{\partial x}-\frac{P_{\mathrm{v}}}{T_{\mathrm{k}}^{1.5}}\frac{\partial T}{\partial x}-\frac{\Delta h_{\mathrm{v}}P_{\mathrm{v,sat}}}{R_{\mathrm{v}}T_{\mathrm{k}}^{2.5}}\frac{\partial T}{\partial x}+\frac{P_{\mathrm{v,sat}}}{T_{\mathrm{k}}^{1.5}}\frac{\partial T}{\partial x}\right) \quad (5\text{-}49)$$

当多孔材料内部发生湿相变时，湿相变产生的相变湿量和热量导致多孔材料内部温度和水蒸气分压力分布发生改变，因此相变状态也将发生变化，发生相变的区域以及相变湿量和热量的大小也由此而发生变化。可见，材料内部湿相变与温湿度场相互影响。

5.3 湿迁移和湿相变引起的附加导热

通过有/无湿相变的多孔材料热湿耦合传递分析，得到湿传递对传热的影响作用，将湿迁移和湿相变引起的传热量等效为导热量，进而可获得湿迁移和湿相变引起的附加导热系数。

5.3.1 湿迁移引起的附加导热系数

由多孔材料热平衡方程可知，湿迁移引起的传热量可表示为：

$$q_{\mathrm{mig}}=-h_{\mathrm{v}}J_{\mathrm{v}}-h_{l}J_{l} \quad (5\text{-}50)$$

将多孔材料湿迁移引起的传热量 q_{mig} 表示成 Fourier 定律的形式：

$$q_{\mathrm{mig}}=-\left(h_{\mathrm{v}}k_{\mathrm{v}}+h_{l}k_{l}\frac{\rho_{l}R\,T_{\mathrm{k}}}{M\,P_{\mathrm{v}}}\right)\frac{\partial P_{\mathrm{v}}}{\partial T}\frac{\partial T}{\partial x}-h_{l}k_{l}\frac{\rho_{l}R}{M}\left(\ln\frac{P_{\mathrm{v}}}{P_{\mathrm{v,sat}}}-\frac{\Delta h_{\mathrm{v}}}{R_{\mathrm{v}}T_{\mathrm{k}}}\right)\frac{\partial T}{\partial x} \quad (5\text{-}51)$$

即：

$$q_{\mathrm{mig}}=-\lambda_{\mathrm{mig}}\frac{\partial T}{\partial x} \quad (5\text{-}52)$$

则湿迁移引起的材料附加导热系数可表示为：

$$\lambda_{\mathrm{mig}}=-\left(h_{\mathrm{v}}k_{\mathrm{v}}+h_{l}k_{l}\frac{\rho_{l}R\,T_{\mathrm{k}}}{M\,P_{\mathrm{v}}}\right)\frac{\partial P_{\mathrm{v}}}{\partial T}-h_{l}k_{l}\frac{\rho_{l}R}{M}\left(\ln\frac{P_{\mathrm{v}}}{P_{\mathrm{v,sat}}}-\frac{\Delta h_{\mathrm{v}}}{R_{\mathrm{v}}T_{\mathrm{k}}}\right) \quad (5\text{-}53)$$

由式（5-53）可知，湿迁移引起的附加导热系数不仅与水蒸气渗透系数、液态水传导系数以及水蒸气气体常数等参数有关，还与材料内部水蒸气分压力和温度及其梯度有关。

利用无湿相变的热湿耦合传递数学模型及湿迁移引起的附加导热系数计算方法，可获得湿迁移对多孔建筑材料导热系数的定量影响。同时也可利用不考虑湿传递的多孔材料传热数学模型与热湿耦合传递数学模型计算的传热量与传热温差的关系，获得湿迁移对材料导热系数的影响：

$$\eta_1 = \frac{q_1 \Delta t_0}{q_0 \Delta t_1} \tag{5-54}$$

式中　　η_1——湿迁移引起的材料导热系数修正值；

q_0 和 q_1——分别为无湿传递和热湿耦合传递时多孔材料传热量，W/m^2；

Δt_0 和 Δt_1——分别为无湿传递和热湿耦合传递时多孔材料传热温差，℃。

5.3.2　湿相变引起的附加导热系数

将多孔材料内部湿相变引起的相变热量表示为 Fourier 定律的形式：

$$q_{\mathrm{pha}} = \Delta h_{\mathrm{v}} J_{\mathrm{pha}} = -\lambda_{\mathrm{pha}} \frac{\partial T}{\partial x} \tag{5-55}$$

湿相变引起的材料附加导热系数可表示为：

$$\lambda_{\mathrm{pha}} = -\frac{2\alpha \Delta h_{\mathrm{v}}}{2-\alpha} \sqrt{\frac{M}{2\pi R}} \left(\frac{P_{\mathrm{v}}}{T_{\mathrm{k}}^{0.5}} - \frac{P_{\mathrm{v,sat}}}{T_{\mathrm{k}}^{0.5}} \right) \bigg/ \frac{\partial T}{\partial x} \tag{5-56}$$

当多孔材料内部发生湿相变时，材料内部传热量受湿相变和湿迁移共同作用。利用有湿相变的热湿耦合传递数学模型及湿相变和湿迁移引起的材料附加导热系数计算方法，可获得湿相变和湿迁移对多孔建筑材料导热系数的定量影响。同时也可利用不考虑湿传递的多孔材料传热数学模型与有湿相变的热湿耦合传递数学模型计算的传热量与传热温差的关系，获得湿相变和湿迁移对导热系数的共同影响：

$$\eta_2 = \frac{q_2 \Delta t_0}{q_0 \Delta t_2} \tag{5-57}$$

式中　　η_2——湿相变和湿迁移引起的材料导热系数修正值；

q_2 和 Δt_2——分别为湿相变时热湿耦合传递时多孔材料传热量，W/m^2 和传热温差，℃。

5.4　动态湿迁移与湿相变的影响因素

本节利用湿迁移和湿相变（在此统称湿传递）引起的材料附加导热系数计算方法，分析各主要因素与湿传递引起的附加导热系数的定量影响关系。最后分析静态和迁移湿分对材料导热系数的联合作用，为含湿多孔建筑材料导热系数修正提供基础。

多孔建筑材料主要热湿物性参数如表 5-1 所示。

建筑材料主要热湿物性参数　　　　　　　　　　表 5-1

材料	$\lambda[\mathrm{W}/(\mathrm{m} \cdot \mathrm{K})]$	$\rho(\mathrm{kg}/\mathrm{m}^3)$	$c_p[\mathrm{J}/(\mathrm{kg} \cdot \mathrm{K})]$	$k_v \times 10^{12}$ $[\mathrm{kg}/(\mathrm{Pa} \cdot \mathrm{m} \cdot \mathrm{s})]$	$k_l \times 10^{15}$ $[\mathrm{kg}/(\mathrm{Pa} \cdot \mathrm{m} \cdot \mathrm{s})]$
普通混凝土	0.987	2200	840	4.806	1.218
黏土砖	0.421	1600	1050	29.167	7.392
加气混凝土	0.139	700	1050	27.722	7.026
水泥砂浆	0.930	1800	1050	5.833	1.478
EPS	0.042	30	1380	4.500	1.140

5.4.1 热湿耦合传递相关参数分析

1. 水蒸气分压力和温度梯度作用下的热湿传递系数

$K_{Pv,Pv}$、$K_{Pv,T}$、$K_{T,Pv}$ 和 $K_{T,T}$ 是反映湿传递和热传递相互影响的综合参数，也是分析湿传递对材料导热系数的影响作用的基础。

研究工况：室内空气温度和水蒸气分压力分别为 25℃ 和 1000Pa；室外空气温度为 35℃ 时，水蒸气分压力为 1000~4000Pa；室外空气水蒸气分压力为 2000Pa 时，空气温度为 20~40℃。以 200mm 单层普通混凝土为研究对象进行分析。

由图 5-1 可知，对于普通混凝土材料，水蒸气分压力梯度作用下的湿传递系数和热传递系数随水蒸气分压力的增大而减小。室外水蒸气分压力从 1000Pa 增至 4000Pa，$K_{Pv,Pv}$ 和 $K_{Pv,T}$ 分别减小了 $8.1 \times 10^{-11} \, \mathrm{kg/(Pa \cdot m \cdot s)}$ 和 $1.1 \times 10^{-5} \, \mathrm{kg/(m \cdot K)}$，且分别减少了 46% 和 32%。温度梯度作用下的湿传递系数和热传递系数随水蒸气分压力的增大而增大，然而变化幅度较小可近似认为不变。

由图 5-2 可知，水蒸气分压力梯度作用下的湿传递系数和热传递系数随温度的增加而增大。室外温度从 20℃ 增至 40℃，$K_{Pv,Pv}$ 增大了 $6.2 \times 10^{-6} \, \mathrm{kg/(m \cdot K)}$，增长了 27%，而 $K_{Pv,T}$ 仅增长了 3%。温度梯度作用下的湿传递系数和热传递系数随水蒸气分压力的增加分别增大和减小，然而变化幅度均较小，可近似认为不变。

2. 材料热湿物性参数敏感性分析

多孔建筑材料水蒸气渗透系数和导热系数是影响热湿耦合传递的基础参数，也是湿迁移引起的附加导热系数最为重要的参数。为获得导热系数和水蒸气渗透系数对湿迁移引起的附加导热系数的影响关系，研究以黏土砖材料热湿物性参数为基准，取导热系数和水蒸气渗透系数变化范围为 -100%~100%，室内空气温度和水蒸气分压力分别为 25℃ 和 1500Pa，室外空气温度和水蒸气分压力分别为 35℃ 和 3500Pa。

由图 5-3 可知，随着材料导热系数的减小，湿迁移对材料附加导热系数的影响越大，尤其是导热系数小于 0.2W/(m·K) 时，湿迁移引起的附加导热系数变化较为敏感。而附加导热系数随水蒸气渗透系数变化相对稳定，水蒸气渗透系数变化率与材料导热系数附

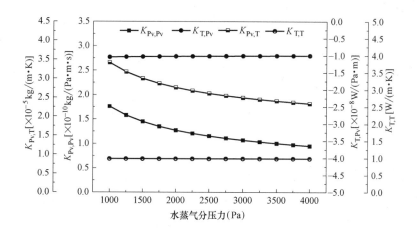

图 5-1 水蒸气分压力和温度梯度作用下的热湿传递系数
（不同水蒸气分压力工况）

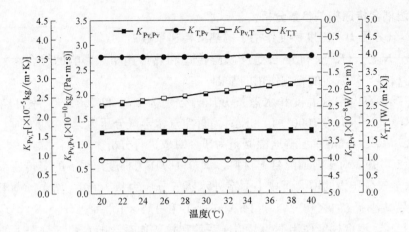

图 5-2　水蒸气分压力和温度梯度作用下的热湿传递系数（不同温度工况）

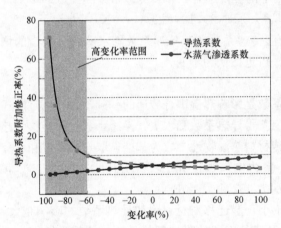

图 5-3　热湿物性参数变化对材料导热系数影响

加修正率近似呈线性关系。

5.4.2　材料内部无湿相变

1. 稳态湿热传递

（1）定常室内外温湿度条件

研究工况中边界条件设置与上一节相同，其中材料层分别以 200mm 普通混凝土、200mm 黏土砖和 200mm 加气混凝土的单层结构为例进行分析。

通过计算得到单层普通混凝土热流和湿流变化特性，如图 5-4 所示。水蒸气分压力和温度梯度作用下的热流随室外空气水蒸气分压力的升高而增大。室外水蒸气分压力从 1000Pa 增至 4000Pa，水蒸气分压力梯度作用下的热流增加了 0.7W/m²，温度梯度作用下的热流增加了 1.2W/m²。可见水蒸气分压力梯度与温度梯度同向时，湿迁移对材料层的传热起到增强作用。

水蒸气分压力梯度作用下的湿流随室外空气水蒸气分压力的升高增加较为明显，水蒸气分压力从 1000Pa 增至 4000Pa，水蒸气分压力梯度作用下的湿流增加了 1.2×10^{-6} kg/(m²·s)。温度梯度和水蒸气分压力梯度对湿流的影响作用相反，两者共同影响着湿流的方向和大小。

根据湿迁移引起的材料附加导热系数计算式可知，附加导热系数与水蒸气分压力梯度和水蒸气渗透系数呈正相关。由图 5-5 可知，室外空气水蒸气分压力由 1000Pa 增至 4000Pa 时，普通混凝土、黏土砖和加气混凝土附加导热系数分别增加了 0.02W/(m·K)、0.04W/(m·K) 和 0.08W/(m·K)，附加修正率分别约为 2.3%、9.8% 和 35.9%。普通混凝土、黏土砖和加气混凝土湿迁移引起的附加导热系数为零时，室外空气水蒸气分压力分别为 1266Pa、1322Pa 和 1675Pa，均高于室内水蒸气分压力。

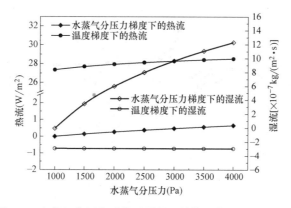

图 5-4　水蒸气分压力对普通混凝土结构层热流和湿流影响

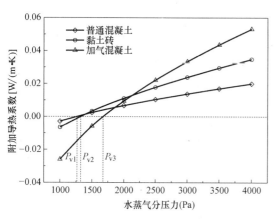

图 5-5　水蒸气分压力对湿迁移引起的
材料附加导热系数影响

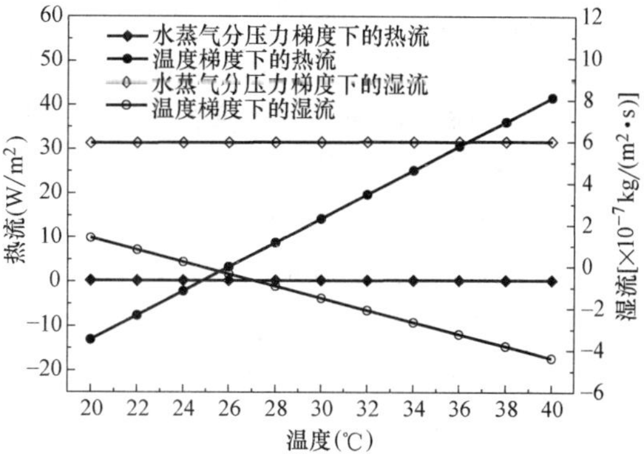

图 5-6　温度对普通混凝土结构层热流和湿流影响

由图 5-6 可知，室外空气温度由 20℃增至 40℃，水蒸气分压力梯度作用下的热流升高了 0.06W/m²，相对于温度梯度作用下的热流变化极小。随着室外空气温度的升高，水蒸气分压力梯度作用下的湿流逐渐减小，然而变化幅度较小，水蒸气分压力梯度作用下的湿流仅减小 1%。随温度梯度的变化，温度梯度作用下的湿流方向逐渐由室外向室内传递变为由室内向室外传递，且随温度梯度的增加，湿流量变大，温度梯度对总湿量的影响起到重要作用。

根据室内外热湿参数的取值，可知室外空气温度在 25℃左右，材料层热流接近于零，水蒸气分压力和温度梯度作用下的热流之和等于零，湿迁移引起的材料导热系数出现最大值，此时取室外空气温度为 T_{w0}。

由图 5-7 可知，随室内外温差的减小，湿迁移引起的材料附加导热系数变化幅度越大。当室外温度小于 T_{w0} 时，湿迁移引起的附加导热系数为负值；当室外温度大于 T_{w0} 时，随着室外空气温度升高，材料附加导热系数逐渐减小，且受湿流方向影响，将出现负值。室外空气温度越接近 T_{w0} 时，附加导热系数变化幅度越大，如室外空气温度为 25℃时，普通混凝土、黏土砖和加气混凝土附加导热系数修正率分别约为 41%、73% 和 127%。

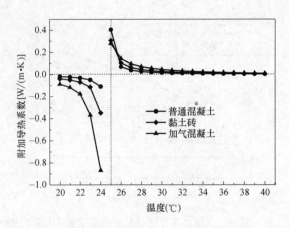

图 5-7　温度对湿迁移引起的材料附加导热系数影响

（2）围护结构构造形式

选取常见的外保温围护结构构造形式：20mm水泥砂浆＋40mmEPS＋200mm普通混凝土＋20mm水泥砂浆，分析室内外温度和水蒸气分压力对湿迁移引起的各层材料附加导热系数的影响。研究工况：室内外空气温度和水蒸气分压分别为25℃和1000Pa，室外空气温度和水蒸气分压力分别为35℃和4000Pa。

由于EPS导热系数极小，且水蒸气渗透系数也小于水泥砂浆和普通混凝土，导致EPS层水蒸气分压力梯度很大，在30000～45000Pa/m，且温度梯度较大，如图5-8所示。EPS保温层水蒸气分压力梯度作用下的热流占总热流的比例较大，约为15.7%，比水泥砂浆层和普通混凝土层高2～5倍；同时水蒸气分压力梯度作用下的湿流是其他材料层的3～4倍，如图5-9所示。

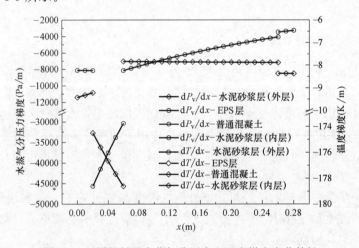

图 5-8　不同材料层水蒸气分压力和温度梯度变化特性

由图5-10可知，普通混凝土湿迁移引起的附加导热系数最大，约为0.03W/(m·K)，EPS湿迁移引起的附加导热系数最小，约0.005W/(m·K)，然而其导热系数附加修正率最大，约为12.7%。外侧水泥砂浆附加导热系数高于内侧3.3%，主要是因为材料层水蒸气分压力梯度大小随距外侧的距离增大而减小，而温度梯度随距外侧的距离增大而增大。

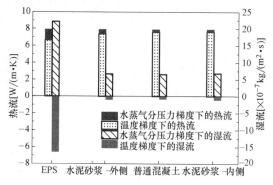
图 5-9 不同材料层热流和湿流变化特性

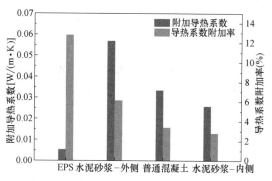
图 5-10 各层材料附加导热系数和附加率

2. 非稳态湿热传递

室外空气温度和相对湿度一般处于动态变化，可认为室外空气温度和相对湿度近似呈现周期性变化，且多用正弦和余弦函数表示。室外空气温度和相对湿度的拟合式如下：

室外空气温度：

$$T_e(t) = 30 + 5\cos\left(\frac{\pi t}{12} + 9\right)$$

室外空气相对湿度：

$$\varphi(t) = 0.6 - 0.3\cos\left(\frac{\pi t}{12} + 9\right)$$

根据饱和水蒸气压力与温度之间关系，计算可得水蒸气分压力：

$$P_v(t) = 610.5\varphi(t)\exp\left(\frac{17.269 T_e(t)}{237.3 + T_e(t)}\right)$$

研究工况：室内空气温度和水蒸气分压力分别为 25℃ 和 1000Pa，室外空气温度、相对湿度及水蒸气分压力，根据表 5-2 进行确定。工况 A：室外空气温度呈周期性变化，水蒸气分压力为定值；工况 B：室外空气温度为定值，相对湿度呈周期性变化值；工况 C：室外空气温度和相对湿度均呈周期性变化；仅考虑传热情况，工况 D：室外空气温度呈周期性变化。

不同工况下室外空气温湿度及水蒸气分压力 表 5-2

工况	$T_e(t)$(℃)	$\varphi(t)/$(%)	$P_v(t)$(Pa)
工况 A	$30 + 5\cos\left(\frac{\pi t}{12} + 9\right)$	$4.095/\exp\left(\frac{17.269 T_e(t)}{237.3 + T_e(t)}\right)$	2500
工况 B	30	$0.6 - 0.3\cos\left(\frac{\pi t}{12} + 9\right)$	$4240.5\varphi(t)$
工况 C	$30 + 5\cos\left(\frac{\pi t}{12} + 9\right)$	$0.6 - 0.3\cos\left(\frac{\pi t}{12} + 9\right)$	$610.5\varphi(t)\exp\left(\frac{17.269 T_e(t)}{237.3 + T_e(t)}\right)$
工况 D	$30 + 5\cos\left(\frac{\pi t}{12} + 9\right)$	—	—

通过计算得到普通混凝土结构内外表面热流和湿流变化，如图 5-11 所示。相对于不考虑湿迁移，热湿耦合传递条件下，内外表面热流均出现不同程度的不同步现象，且热流

波幅也存在一定差异。表面热流和湿流的周期性变化趋势相反，室外空气温度呈周期性变化时，外表面出现周期性吸热和放热现象，如工况 A 和工况 C。室外空气水蒸气分压力呈周期性变化时，外表面出现周期性吸湿和放湿现象，如工况 B 和工况 C。由于不同工况条件下室外温度和水蒸气分压力均大于室内，内表面出现放热和放湿现象。

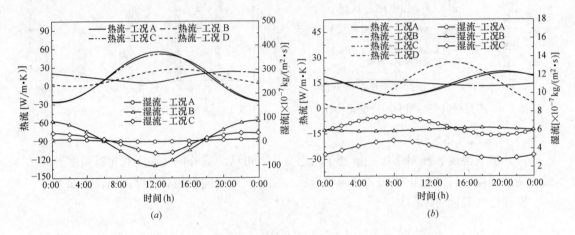

图 5-11　普通混凝土结构内外表面热流和湿流变化特性
(a) 外表面；(b) 内表面

相对于工况 D，工况 A 和工况 C 外表面热流波动幅度增加约 200％和 185％，热流最大波幅分别提前约 3h 和 2h，而平均热流相差不大。工况 A 和工况 C 内表面热流波动幅度减小约 47％和 49％，热流最大波幅分别延迟约 4h 和 5h，而平均热流增加约 6％和 4％。可见相对于仅考虑材料传热，湿迁移对热流波动特性具有明显的影响，并主要体现在热流的波幅和相位。

对比工况 A、B 和 C，工况 B 普通混凝土结构外表面的湿流波动幅度最大，约为 1.8×10^{-5} kg/($m^2 \cdot$ s)，而其内表面的湿流波动幅度最小，约为 3.8×10^{-8} kg/($m^2 \cdot$ s)。工况 B 外表面湿流波动幅度比工况 C 高约 110％，平均值高约 9.8×10^{-6} kg/($m^2 \cdot$ s)；而内表面湿流波动幅度比工况 C 小 1.6×10^{-7} kg/($m^2 \cdot$ s)，主要是因为工况 B 室外空气水蒸气分压的波动幅度和平均值均大于工况 C，而工况 B 室外温度为定值，波动的水蒸气分压力对内表面湿流的影响较小。对于工况 A，由于室外水蒸气分压力为定值，外表面湿流波动幅度相对较小，外表面一直处于吸湿情况。

可见，室内温湿度一定的条件下，材料层外表面湿流受室外水蒸气分压力波动的影响较大，而内表面湿流受室外温度波动的影响较大。

不同室内外热湿工况下，在湿迁移作用下的普通混凝土导热系数变化特性，如图5-12所示。工况 A、B 和 C 下普通混凝土导热系数平均值分别约为 1.007W/(m·K) 和 1.003W/(m·K) 和 0.999W/(m·K)，其导热系数波幅分别约为 0.013W/(m·K)、0.002W/(m·K) 和 0.009W/(m·K)。其中工况 A，湿迁移作用下的普通混凝土导热系数变化幅度最大。

可见湿迁移作用下的材料导热系数受室外空气温度波动影响较大，受水蒸气分压力波动影响相对较小。

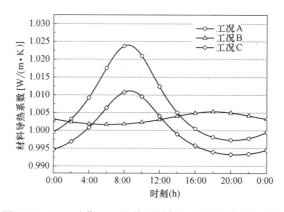

图 5-12　湿迁移作用下的普通混凝土导热系数变化特性

5.4.3　材料内部有湿相变

墙体内部出现湿分凝结和蒸发现象多发生室内外高温高湿环境条件下,如在热湿气候区,室外处于持续高湿条件,湿分在传递过程中某处温度低于湿空气的露点温度,以致在此低温表面发生凝结现象[10]。尤其是墙体采用了热惰性较大、湿扩散性能较差的材料,墙体出现凝结现象会更为严重。墙体出现湿分凝结区域一般为外侧、内部以及内侧,如图5-13 所示。

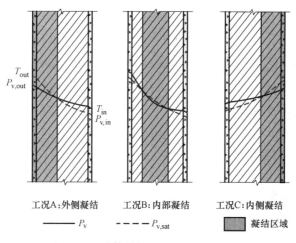

图 5-13　墙体结构发生湿相变的工况

针对多孔建筑材料发生湿分凝结现象,利用有/无湿相变的热湿耦合传递数学模型,以及湿相变和湿迁移引起的附加导热系数计算方法,分析湿分凝结过程中湿迁移和湿凝结引起的附加导热系数变化特性。

1. 定常室内外温湿度

分别以 200mm 单层普通混凝土及 200mm 单层黏土砖结构为例进行分析。研究工况:室内空气温度和水蒸气分压力分别为 25℃和 2500Pa($\varphi=79\%$),室外空气温度和水蒸气分压力分别为 35℃和 5500Pa($\varphi=98\%$)。

在以上室内外热湿条件下,利用无湿相变的热湿耦合传递控制方程,计算获得普通混凝土和黏土砖结构内部水蒸气分压力与饱和水蒸气分压力分布,如图5-14(a)所示。根据材料发生湿相变的判定条件可知，普通混凝土和黏土砖外均将发生湿凝结。

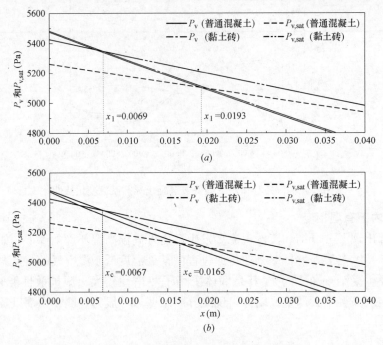

图 5-14　材料内部湿分凝结临界位置确定
(a) 未考虑湿相变；(b) 考虑湿相变

　　利用无湿相变的热湿耦合传递控制方程与相变湿量和热量计算式，计算此时相变区域 Δx_1 的相变湿量 $\dot{m}_1(x)$ 和热量 $\dot{q}_{pha1}(x)$，带入热湿耦合控制方程，再次计算材料内部水蒸气分压力与饱和水蒸气分压力分布，并计算相应的相变湿量 $\dot{m}_2(x)$ 和热量 $\dot{q}_{pha2}(x)$，如此进行循环迭代计算，直至湿相变区域 Δx_j 变化量小于 1%，确定最终相变临界位置 x_c，如图 5-14 (b) 所示。普通混凝土和黏土砖结构湿相变临界位置分别为 $x_c=0.0067m$ 和 $x_c=0.0165m$；相比于 x_1，普通混凝土的 x_c 减小了约 15%。

　　相同室内外湿热条件下，普通混凝土结构凝结区域比黏土砖大得多。由于黏土砖的导热系数均小于普通混凝土，靠近外侧区域黏土砖温度高于普通混凝土，因此其内部湿空气对应的饱和水蒸气分压力也较高，导致黏土砖外侧水蒸气分压力与饱和水蒸气分压力相交点更靠近外侧。

　　通过循环迭代计算，获得普通混凝土和黏土砖内部凝结率、湿流以及湿迁移和湿相变引起的附加导热系数，如图 5-15 和图 5-16 所示。对于普通混凝土结构，外表面的湿凝结率最高，约为 $2.9 \times 10^5 kg/(m^3 \cdot s)$。在湿分凝结区域，湿凝结率近似呈线性变化。在较高的湿凝结率影响下，材料凝结区域湿流相对非凝结区域较高，且变化较大，如外表面湿流相对于湿相变临界位置，高 50% 左右。

　　在大部分湿分凝结区域，材料内部湿凝结引起的附加导热系数高于湿迁移引起的附加导热系数。对于普通混凝土结构，在外表面处，湿凝结引起的附加导热系数比湿迁移引起的附加导热系数高 20 倍，且在凝结区域，湿迁移引起的附加导热系数，明显高于其他非凝结区域。

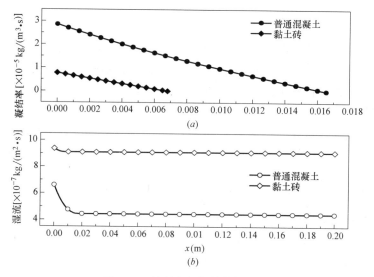

图 5-15 材料内部凝结率和湿流

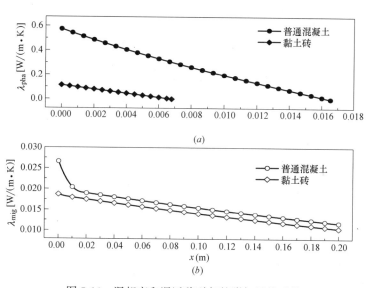

图 5-16 湿相变和湿迁移引起的附加导热系数

2. 周期性和阶跃性室外温湿度

大多情况下室外空气温度和相对湿度处于动态变化，选取在室外温湿度周期性与阶跃性变化条件下，分析湿分凝结引起的附加导热系数变化特性。室外周期性温湿度分别为：

室外温度：

$$T_e(t) = 30 + 5\cos\left(\frac{\pi t}{12} + 9\right)$$

室外相对湿度：

$$\varphi(t) = 0.8 - 0.2\cos\left(\frac{\pi t}{12} + 9\right)$$

根据饱和水蒸气压力与温度之间关系，计算可得水蒸气分压力：

$$P_v(t) = 610.5\varphi(t)\exp\left(\frac{17.269T_e(t)}{237.3 + T_e(t)}\right)$$

研究工况：室外空气温湿度呈以上周期性变化，在 0：00 时刻，室外温度不变，室外相对湿度急剧升高，至 100%，并持续 24h，之后室外相对湿度恢复原周期性。以 200mm 单层混凝土结构为例进行分析。

利用无湿相变热湿耦合传递数学模型，计算得到普通混凝土结构外表面在 5.5h 左右出现了湿分凝结现象。将动态相变湿量和热量，带入有湿相变的热湿耦合传递数学模型中进行循环迭代计算，得到普通混凝土结构表面凝结时间及湿相变引起的附加导热系数，如图 5-17 所示。

由图 5-17 可知，普通混凝土结构外表面（$x=0$ 处）湿凝结时间持续了 13.5h 左右。在外表面，湿凝结引起的附加导热系数随时间变化逐渐增大，直至 18：00 左右，之后受室外水蒸气分压力和温度影响，附加导热系数变为负值。

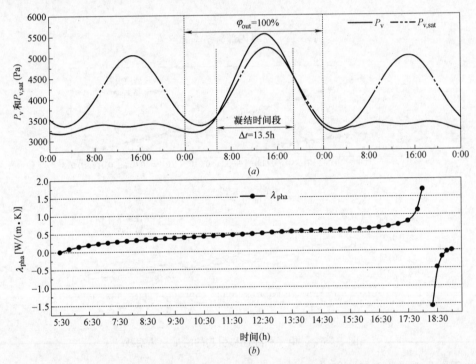

图 5-17　外表面凝结时间及湿相变引起的附加导热系数

通过循环迭代计算，在室外相对湿度阶跃性变化结束后，恢复周期性变化，经过 3.3h 左右，普通混凝土凝结区域达到最大，得到凝结临界位置为 $x_c=0.0256$m，如图 5-18 所示。在材料内部热湿耦合传递过程作用下，凝结区域逐渐变小，外侧凝结持续了 25h 左右。

普通混凝土结构外侧区域湿凝结引起的附加导热系数随时间的变化如图 5-19 所示。在凝结区域内不同位置湿凝结引起的附加导热系数，先逐渐增加，然后由正值向负值转变。

在室外周期性温度、周期性与阶跃性相对湿度变化影响下，普通混凝土结构凝结区域

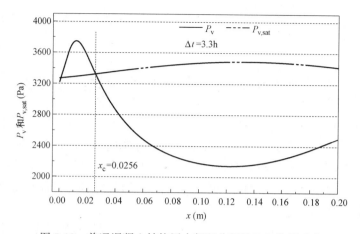

图 5-18　普通混凝土结构层内部湿分凝结临界位置确定

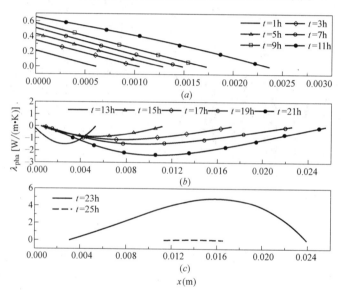

图 5-19　湿凝结引起的附加导热系数

不同位置湿分凝结量，如图 5-20 所示。在 $x=0.0087$m，普通混凝土内部总凝结湿量达到

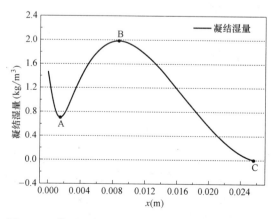

图 5-20　普通混凝土结构层凝结区域的湿分凝结量

最大，约 1.983kg/m³（如图 5-20 中 B 点），相对于材料内部吸附湿量，总凝结湿量较小，且低一个数量级左右。

5.5　动静湿分对建材导热系数的综合影响

静态湿分和迁移湿分对建筑材料导热系数影响机理虽有所不同，在实际热湿环境中，建筑材料内部导热过程受静态湿分和迁移湿分的综合作用。材料内部静态湿分含量及分布特征，需通过热湿耦合传递分析获得，湿分的含量与分布也将影响热湿传递性能。为简化两者间相互作用，本节仅将两者对导热系数影响结果直接相加，进而获得静态和迁移湿分对导热系数的联合作用。

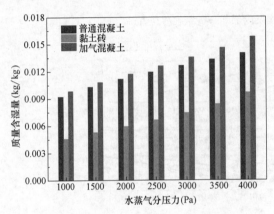

图 5-21　不同水蒸气分压力工况下建筑材料含湿量

含湿量是影响静态湿分布多孔建筑材料导热系数最为重要参数。材料含湿量主要与材料内部空隙中湿空气相对湿度有关。研究工况与第 5.4.2 节中稳态湿热传递部分相同。随着室外空气水蒸气分压力的增大，材料内部含湿量逐渐增加，如图 5-21 所示。当室外空气水蒸气分压力从 1000Pa 增至 4000Pa 时，普通混凝土、黏土砖和加气混凝土内部平均含湿量分别约增加 0.0048kg/kg、0.0051kg/kg 和 0.0060kg/kg，静态湿分布材料导热系数分别约增大 2.0%，4.3% 和 6.7%。

由图 5-22 可知，随着室外水蒸气分压力的增大，静态湿分布和湿迁移引起的附加导热系数均逐渐增大。静态湿分布引起的附加导热系数变化率小于湿传递的影响。材料导热

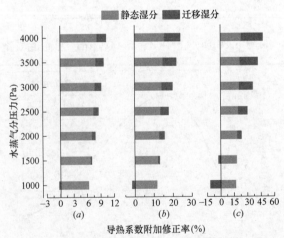

图 5-22　不同水蒸气分压力工况下建筑材料导热系数附加修正率

(a) 普通混凝土；(b) 黏土砖；(c) 加气混凝土

系数越小，湿迁移引起的附加导热系数所占比重越大。室外空气水蒸气分压力从1000Pa增至4000Pa时，普通混凝土、黏土砖和加气混凝土导热系数综合附加修正率变化范围分别为6.0%～10.3%，9.9%～24.0%和4.9%～47.5%。

随室外空气温度增加，空气相对湿度逐渐降低，导致材料内部平均含湿量逐渐减小，因此静态湿分对材料导热系数影响逐渐减弱，如图5-23所示。当室外空气温度从20℃增至40℃时，普通混凝土、黏土砖和加气混凝土内部平均含湿量分别约降低0.0052kg/kg、0.0053kg/kg和0.0070 kg/kg。静态湿分引起的导热系数附加修正率变化范围分别为6.7%～8.8%，12.3%～16.4%和17.9%～25.4%。相对于静态湿分，湿迁移对导热系数的影响变化幅度相对较大，尤其是室内外温度相差较小时，此变化趋势更为明显，如图5-24所示。

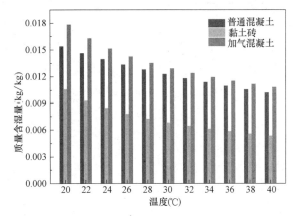

图5-23　不同温度工况下建筑材料含湿量

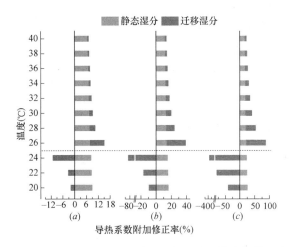

图5-24　不同温度工况下建筑材料导热系数附加修正率
（a）普通混凝土；（b）黏土砖；（c）加气混凝土

如图5-25所示，受室内外湿度差异影响，建筑材料内部湿分呈非均匀分布。因此，材料内部静态湿分和迁移湿分引起的附加导热系数存在一定差异。静态湿分引起的附加导热系数主要与材料内部相对湿度梯度有关，而湿迁移引起的附加导热系数主要与水蒸气分压力梯度及温度梯度差有关。对于普通混凝土材料，当室内外空气水蒸气分压力差、温差较大时，静态湿分布的非均匀性对材料导热系数影响程度高于湿迁移的影响。

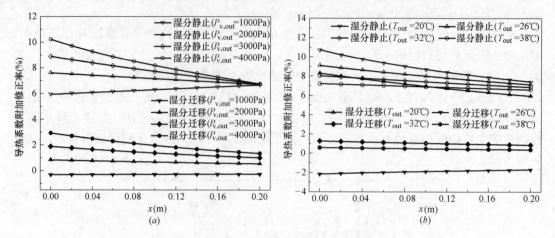

图 5-25 非均匀湿分布对建筑材料导热系数影响

(a) 水蒸气分压力；(b) 温度

本章参考文献

［1］ Y. F. Liu，Y. Y. Wang，D. J. Wang，et al. Effect of moisture transfer on thermal surface temperature. Energy and Buildings，2013，60：83-91.

［2］ 曲伟，范春利，马同泽，等. 脉动热管的接触角滞后和毛细滞后阻力. 中国工程热物理学会传热传质学学术会议论文集，2002.

［3］ 郭兴国，陈友明. 热湿气候地区保温复合墙体的内部冷凝研究. 全国暖通空调制冷 2010 年学术年会论文集，2010.

［4］ 张华玲. 水电站地下厂房热湿环境研究. 重庆：重庆大学，2007.

［5］ F. Branco，A. Tadeu，N. Simoes. Heat conduction across double brick walls via BEM. Building and Environment，2004，39（1）：51-58.

［6］ M. S. Valen. Moisture transfer in organic coatings on porous materials. Dep. of Building and Construction Engineering Norwegian University of Science and Technology，NTNUN-7034 Trondheim，NORWAY，1998.

［7］ Y. Y. Wang，Y. F. Liu，J. P. Liu. Effect of the night ventilation rate on the indoor environment and air-conditioning load while considering wall inner surface moisture transfer. Energy and Buildings，2014，80：366-374.

［8］ T. Kusuda. Indoor humidity calculation. ASHRAE Trans，1983，2：728-738.

［9］ 王遵敬. 蒸发与凝结现象的分子动力学研究及实验. 北京：清华大学，2002.

［10］ 刘加平. 建筑物理. 北京：中国建筑工业出版社，2009.

第6章 整体建筑热湿耦合迁移过程分析

6.1 概　述

建筑热工性能是影响建筑能耗计算的关键，以往对建筑物热工分析和能耗计算时大多只考虑其热物性参数和传热过程，并将其假定为恒值，而对湿物性参数和湿传递过程考虑较少。事实上，建筑物受到所处环境温湿条件的影响，其内部存在热湿耦合迁移，墙体和地面的热湿迁移过程会影响其表面热湿状态，进而影响室内热湿环境，导致建筑能耗的计算出现偏差。

墙体的传湿过程包括墙体内部的湿传递和表面湿迁移。对于湿迁移过程，国内外学者虽对围护结构内部的热湿耦合传递过程进行深入研究，并取得一定的成果，但对于墙体表面的吸放湿过程及由该过程引起的表面温度、热流变化的研究较少。墙体表面的吸放湿过程引起的表面温度和热流变化，同样，在地下水作用下的地面热湿耦合迁移过程也影响其表面的热湿状态。并且内表面温度的变化，将影响室内的热湿环境。我国地域广阔，热湿气候条件差异大，建筑墙体含湿状况和内表面的吸放湿程度不同，地表面热湿状态的变化程度不同，进而对内表面温度、室内热环境的影响也不尽相同。

目前相关能耗分析计算软件和设计规范都主要建立在热传递理论的基础上，墙体的传湿过程可引起内表面热流的变化，地面的传湿过程也会影响其表面温湿度，这些变化均对室内空气温度产生影响，而忽略这种湿迁移过程，必然在建筑能耗计算中形成一定的误差。因此，本章将针对建筑热湿耦合迁移过程所带来的影响展开分析。

6.2　建筑热湿耦合传递数学控制方程

围护结构热湿状态是准确计算分析室内热环境及冷热负荷的关键。围护结构热湿状态受室内外热湿条件的影响，且与其内部及表面的热湿迁移过程密切相关。国内外学者对围护结构内部的热湿迁移过程进行深入研究，并取得一定成果。本节基于热湿耦合迁移机理的分析，在前人研究的基础上，对围护结构内部、表面及室内空气的热湿平衡进行分析，考虑到围护结构内表面湿迁移对表面温湿度及室内热环境的影响，分别建立围护结构热湿耦合传递方程、表面热湿控制方程及室内空气热湿平衡方程，并利用实验数据对提出的热湿耦合传递数学模型进行验证，为研究围护结构传湿对室内热环境及负荷的影响奠定基础。

6.2.1　墙体热湿耦合迁移数学模型

1. 墙体热湿耦合迁移机理分析

多孔材料内的热湿传递机理及热湿传递过程非常复杂，在探求迁移机理方面先后发展了能量理论、液体扩散理论、毛细流动理论和蒸发凝结等理论模型，用来解释毛细多孔介质的热湿迁移机制[1]。

多孔介质中热量的传递，一方面是由外界热量通过固体颗粒、水和水蒸气以传导的方式传递，增加了整个物质体系的焓；另一方面，水在温度梯度和浓度梯度的作用下扩散，同时发生相变，不断生成水蒸气，水蒸气也在温度梯度和浓度梯度的驱动下扩散，因而热量在传导的同时也通过水、汽扩散过程进行传递。因此，未饱和多孔介质中的热扩散和质扩散互为因果，共同形成热质耦合迁移过程。

墙体内部的湿特性与热特性有很大关系，因为在墙体内任意一点处的湿组分状态都是热湿共同作用的结果。多孔材料内的热流引起湿流，湿流又通过蒸发和冷凝影响热流，因此需要同时考虑热湿传递过程。为了描述墙体内的湿传递，做以下假设：1）当材料的含湿量低于最大吸湿含湿量时，用空气含湿量作为驱动势，假设在较高含湿量时，湿组分瞬间达到平衡。2）忽略温度对水蒸气扩散系数的影响。3）不考虑滞后影响，忽略温度对材料湿容量的影响。4）外墙由多层不同种材料组成，两层材料接触面上的湿传递依赖于两材料间的传湿阻。对于紧密接触的材料，传湿阻非常小，并且假设在两材料接触界面上达到平衡。5）由于湿组分流在边界处是不连续的，因此假设在两材料间无液态水传递。当含湿量非常高时，两相邻材料层之间会有液态水传递，然而在正常条件下，基本不会出现这种现象。

由于湿组分的存在方式和传递过程复杂，对热湿耦合传递过程的研究存在一定困难，其复杂性主要表现为：1）围护结构的内部组成复杂，很难对其几何参量做出确切的描述；2）均匀一致的颗粒形状和孔隙分布几乎是不存在的；3）固相界面存在着随机的不确定性；4）围护结构两侧湿度差较小导致引起传湿的驱动势较小；5）实际的围护结构是非均匀的，并且各向异性，使得其内部的热湿传递现象和机理较为复杂；6）围护结构内的湿传递是一个多组分共存并伴有相变的过程；7）由于各种建筑材料的吸湿性不同，导致其分界处湿容量的不连续性；8）控制方程的高度非线性，以及边界条件难以确定，无法得到精确的解析解；9）围护结构材料的物性参数随温度和湿度发生变化，其值难以准确确定[2]。

施明恒[3]对高强度热质交换条件下毛细多孔介质内的传热传质进行了分析，从不可逆热力学基本理论出发，全面考虑了传热传质过程中各推动力之间的相互影响，推导出较普遍的微分方程组。

2. 湿迁移控制方程

围护结构内部的热湿耦合传递是一个复杂的非稳态过程，不但受室内外气象条件的影响，还与墙体材料的热湿物性有关。

对围护结构热湿耦合传递数学模型做如下基本假设：

（1）围护结构多孔材料为连续均匀介质，且各向同性；

（2）围护结构内部的热湿传递过程按一维处理；

（3）围护结构内无其他热湿源；

（4）将水蒸气按理想气体处理，且满足理想气体状态方程；

（5）多孔材料内部存在局部热力平衡；

围护结构多孔介质内的湿组分平衡方程为：

$$\frac{\partial w}{\partial t}+\nabla\left(J_{\mathrm{v}}+J_{l}\right)=0 \tag{6-1}$$

或

$$\rho\frac{\partial u}{\partial t}+\nabla\left(J_{\mathrm{v}}+J_{l}\right)=0 \tag{6-2}$$

式中　w——多孔材料内部的体积含湿量，kg/m^3；

　　　u——质量含湿量，kg/kg；

　　　ρ——多孔材料密度，kg/m^3；

　　　J_{v}——水蒸气流量，$kg/(m^2 \cdot s)$；

　　　J_{l}——液态水的流量，$kg/(m^2 \cdot s)$。

根据 Fick 定律，多孔介质内部的水蒸气流量为：

$$J_{\mathrm{v}}=-\delta_{\mathrm{v}}\frac{\partial P_{\mathrm{v}}}{\partial x} \tag{6-3}$$

根据 Darcy 定律，多孔介质内部的液态水流量为：

$$J_{l}=-D_{l}\frac{\partial P_{l}}{\partial x} \tag{6-4}$$

式中　δ_{v}——水蒸气渗透系数，$kg/(Pa \cdot m^2 \cdot s)$；

　　　P_{v}——水蒸气分压力，Pa；

　　　D_{l}——液态水传导系数，$kg/(Pa \cdot m^2 \cdot s)$；

　　　P_{l}——液态水毛细压力，Pa。

因此，通过围护结构任意截面的湿组分总迁移量 J_{m} 由下式表示：

$$J_{\mathrm{m}}=J_{\mathrm{v}}+J_{l}=-\delta_{\mathrm{v}}\nabla P_{\mathrm{v}}-D_{l}\nabla P_{l}=-\delta_{\mathrm{v}}\frac{\partial P_{\mathrm{v}}}{\partial x}-D_{l}\frac{\partial P_{l}}{\partial x} \tag{6-5}$$

理论上，表示湿组分含量的参数均可作为湿迁移驱动势，例如，材料体积含湿量 w（kg/m^3），材料质量含湿量 u（kg/kg），水蒸气密度 ρ_{v}（kg/m^3），水蒸气分压力 P_{v}（Pa）等。由于不同建筑材料的吸放湿性能各异，因此不同材料层接触界面处的材料含湿量不连续，需在接触界面处重新换算为其他驱动势。为解决含湿量的不连续性，很多学者采用其他驱动势来代替含湿量，Pedersen 利用毛细压作为驱动势，但由于毛细压很难准确测量，因此限制了它的应用[4]；Janssen 以多孔矩阵传导势代替湿容量作为驱动势，该计算方法虽考虑了材料分界处湿容量的不连续性，但是无法求解[5]。由于材料的含湿量、水蒸气密度和水蒸气分压力都是相对湿度的函数[6]，因此为了避免这种不必要的换算，本书选择相对湿度作为湿迁移的驱动势。

将多孔材料体积含湿量用内部空气相对湿度表示：

$$\frac{\partial w}{\partial t}=\frac{\partial w}{\partial\varphi}\frac{\partial\varphi}{\partial t}=\xi\frac{\partial\varphi}{\partial t} \tag{6-6}$$

其中，ξ 是多孔材料的吸湿平衡曲线斜率，$\xi\frac{\partial w}{\partial\varphi}$。

水蒸气分压力梯度 $\frac{\partial P_{\mathrm{v}}}{\partial x}$ 以空气温度和相对湿度表示如下：

$$\frac{\partial P_{\mathrm{v}}}{\partial x}=\frac{\partial(\varphi P_{\mathrm{v,sal}})}{\partial x}=\varphi\frac{\partial P_{\mathrm{v,sat}}}{\partial x}+P_{\mathrm{v,sat}}\frac{\partial\varphi}{\partial x} \tag{6-7}$$

$$=\varphi\frac{\partial P_{\mathrm{v,sat}}}{\partial T}\frac{\partial T}{\partial x}+P_{\mathrm{v,sat}}\frac{\partial\varphi}{\partial x}$$

其中，水蒸气饱和分压力如下式所示[7]：

$$P_{v,sat}(T)=610.5\exp\left(\frac{17.269T}{237.3+T}\right) \tag{6-8}$$

式中　$P_{v,sat}$——水蒸气饱和分压力，Pa；

　　　　T——温度，℃；

　　　　φ——相对湿度，%。

根据开尔文方程 $P_l(T_k,\varphi)=\dfrac{\rho_l R T_k}{M_l}\ln\varphi$，将毛细吸附压力梯度 $\dfrac{\partial P_l}{\partial x}$ 写成关于热力学温度 T_k 和相对湿度 φ 的形式：

$$\frac{\partial P_l}{\partial x}=\frac{\partial P_l}{\partial T_k}\frac{\partial T}{\partial x}+\frac{\partial P_l}{\partial \varphi}\frac{\partial \varphi}{\partial x} \tag{6-9}$$

毛细吸附压力对热力学温度 T_k 和相对湿度 φ 的偏导为：

$$\begin{cases}\dfrac{\partial P_l}{\partial T_k}=\dfrac{\rho_l R\ln\varphi}{M_l}\\[3mm]\dfrac{\partial P_l}{\partial \varphi}=\dfrac{\rho_l R T_k}{M_l\varphi}\end{cases} \tag{6-10}$$

因此，有：

$$\frac{\partial P_l}{\partial x}=\frac{\rho_l R}{M_l}\left(\ln\varphi\frac{\partial T}{\partial x}+\frac{T_k}{\varphi}\frac{\partial \varphi}{\partial x}\right) \tag{6-11}$$

$$\xi\frac{\partial \varphi}{\partial t}=\frac{\partial}{\partial x}\left(\delta_v\frac{\partial P_v}{\partial x}+D_l\frac{\partial P_l}{\partial x}\right) \tag{6-12}$$

$$\xi\frac{\partial \varphi}{\partial t}=\frac{\partial}{\partial x}\left[\delta_v\left(\varphi\frac{\partial P_{v,sat}}{\partial T}\frac{\partial T}{\partial x}+P_{v,sat}\frac{\partial \varphi}{\partial x}\right)\right]+\frac{\partial}{\partial x}\left\{D_l\left[\frac{\rho_l R}{M_l}\left(\ln\varphi\frac{\partial T}{\partial x}+\frac{T_k}{\varphi}\frac{\partial \varphi}{\partial x}\right)\right]\right\} \tag{6-13}$$

将式（6-34）简化如下：

$$\xi\frac{\partial \varphi}{\partial t}=\frac{\partial}{\partial x}\left(D_\varphi\frac{\partial \varphi}{\partial x}\right)+\frac{\partial}{\partial x}\left(D_T\frac{\partial T}{\partial x}\right) \tag{6-14}$$

其中，$D_\varphi=\delta_v P_{v,sat}+D_l\dfrac{\rho_l R}{M_l}\dfrac{T_k}{\varphi}$

　　　　$D_T=\delta_v\varphi\dfrac{\partial P_{v,sat}}{\partial T}+D_l\dfrac{\rho_l R}{M_l}\ln\varphi$

液态水传导系数 D_l 的确定方法如下[8]：

$$D_l=\frac{D_v\varphi\rho_{v,sat}}{R_v T\rho_l} \tag{6-15}$$

单位时间内通过单位面积多孔介质的湿组分流量，根据湿流密度计算公式：

$$g=\frac{\Delta m}{A\cdot\Delta t} \tag{6-16}$$

水蒸气渗透系数计算公式：

$$\delta_v=\frac{g}{\Delta P}=\frac{g}{P_{v,sat}(\varphi_1-\varphi_2)} \tag{6-17}$$

假设水蒸气为理想气体，根据理想气体状态方程得：

$$P_v=\rho_v R_v T_k \tag{6-18}$$

$$P_{v,sat}=\rho_{v,sat}R_v T_k \tag{6-19}$$

水蒸气流量：

$$J_v = -\delta_v \nabla P_v = -D_v \nabla \rho_v \tag{6-20}$$

因此，由式（6-18）～式（6-20）推出水蒸气扩散系数 D_v 为：

$$D_v = \delta_v R_v T_k \tag{6-21}$$

将水蒸气扩散系数换算成与水蒸气渗透系数、水蒸气气体常数和热力学温度有关的函数。将式（6-21）的水蒸气扩散系数 D_v 代入式（6-15），得：

$$D_l = \frac{\delta_v \varphi P_{v,sat}}{R_v T \rho_l} \tag{6-22}$$

因此：$D_\varphi = \delta_v P_{v,sat}\left(1 + \frac{T_k}{T}\right) = \delta_v P_{v,sat}\left(1 + \frac{(T+273)}{T}\right)$

$$D_T = \delta_v \varphi \frac{\partial P_{v,sat}}{\partial T} + \delta_v \varphi P_{v,sat} \frac{\ln\varphi}{T}$$

式中　D_φ——由相对湿度引起的传质系数，m^2/s；

　　　D_T——由温度梯度引起的传质系数，$m^2/(s \cdot ℃)$；

　　　ρ_l——水的密度，kg/m^3；

　　　R——通用气体常数，$J/(kg \cdot ℃)$；

　　　R_v——水蒸气气体常数，$J/(kg \cdot ℃)$；

　　　T_k——热力学温度，K；

　　　M_l——水的摩尔质量，g/mol；

　　　g——湿流密度，$kg/(m^2 \cdot s)$；

　　　Δm——试样质量变化量，kg；

　　　Δt——称量时间间隔，s；

　　　A——有效计算面积，m^2；

　　　ΔP——水蒸气压力差，Pa；

　　　P_{vs}——实验温度下的饱和水蒸气分压力，Pa；

　　φ_1、φ_2——分别为高低相对湿度，%。

3. 热迁移控制方程

围护结构多孔介质传热过程中可能伴随着湿组分的相变，水蒸气冷凝成液态水或液态水蒸发成水蒸气，发生相变的过程中伴随着相变潜热的产生，考虑此相变潜热的影响，建立多孔介质热迁移控制方程如下：

$$\rho C \frac{\partial T}{\partial t} = \frac{\partial}{\partial x}\left(\lambda_0 \frac{\partial T}{\partial x}\right) - L(T)\frac{\partial J_v}{\partial x} \tag{6-23}$$

将式（6-23）中的水蒸气迁移量 J_v 用下式表示：

$$J_v = -\delta_v \frac{\partial P_v}{\partial x} = -\delta_v\left(\varphi \frac{\partial P_{v,sat}}{\partial T}\frac{\partial T}{\partial x} + P_{v,sat}\frac{\partial \varphi}{\partial x}\right) \tag{6-24}$$

因此，热迁移控制方程为：

$$\rho C \frac{\partial T}{\partial t} = \frac{\partial}{\partial x}\left(\lambda_0 \frac{\partial T}{\partial x}\right) + L(T)\frac{\partial}{\partial x}\left(\delta_v\left(\varphi \frac{\partial P_{v,sat}}{\partial T}\frac{\partial T}{\partial x} + P_{v,sat}\frac{\partial \varphi}{\partial x}\right)\right) \tag{6-25}$$

$$\rho C \frac{\partial T}{\partial t} = \frac{\partial}{\partial x}\left(\lambda_{eff}\frac{\partial T}{\partial x}\right) + L(T)\frac{\partial}{\partial x}\left(\delta_v P_{v,sat}\frac{\partial \varphi}{\partial x}\right) \tag{6-26}$$

其中，$\lambda_{\mathrm{eff}} = \lambda_0 + L(T)\delta_{\mathrm{v}}\varphi\dfrac{\partial P_{\mathrm{v,sat}}}{\partial T}$

λ_0 为材料的导热系数，其与材料的含湿量有关，$\lambda_0 = \lambda + au$，其中 λ 为干燥状态时材料的导热系数。

$L(T)$ 的计算式为[9]：

$$L(T) = (2500 - 2.4T) \times 10^3 \, (\mathrm{J/kg}) \tag{6-27}$$

式中　C——材料定压比热，$\mathrm{J/(kg \cdot ℃)}$；

　　　λ_0——材料的导热系数，$\mathrm{W/(m \cdot ℃)}$；

　　　λ_{eff}——材料的有效导热系数，$\mathrm{W/(m \cdot ℃)}$；

$L(T)$——蒸发潜热，$\mathrm{J/kg}$。

由于建筑材料热湿物性参数数据库缺乏，如水蒸气扩散系数和液态水传导系数难以获得，大多通过实验测试进行取值，求解困难。本章提出的数学模型将热湿传递系数均转换成了与温度和相对湿度有关的函数，只需知道材料的导热系数、密度、热容及水蒸气渗透系数即可求解，便于计算。

4. 定解条件

初始条件：

$$\varphi(x,t)\big|_{t=0} = \varphi(x,0) \tag{6-28}$$

$$T(x,t)\big|_{t=0} = T(x,0) \tag{6-29}$$

内表面（$x=0$）边界条件：

$$\left(-D_\varphi\frac{\partial\varphi}{\partial x} - D_{\mathrm{T}}\frac{\partial T}{\partial x}\right)\Big|_{x=0} = h_{\mathrm{m0}}(\rho_{\mathrm{v,x=0}} - \rho_{\mathrm{v,0}}) \tag{6-30}$$

$$-\left(\lambda_{\mathrm{eff}}\frac{\partial T}{\partial x} + L(T)\delta_{\mathrm{v}}P_{\mathrm{v,sat}}\frac{\partial\varphi}{\partial x}\right)\Big|_{x=0} = h_{\mathrm{c0}}(T_{\mathrm{x=0}} - T_0) + L(T)h_{\mathrm{m0}}(\rho_{\mathrm{v,x=0}} - \rho_{\mathrm{v,0}}) +$$

$$\sum_{j=1}^{n} h_{r,j}(T_{\mathrm{x=0}} - T_n) \tag{6-31}$$

外表面（$x=l$）边界条件：

$$\left(-D_\varphi\frac{\partial\varphi}{\partial x} - D_{\mathrm{T}}\frac{\partial T}{\partial x}\right)\Big|_{x=l} = h_{\mathrm{me}}(\rho_{\mathrm{v,e}} - \rho_{\mathrm{v,x=l}}) \tag{6-32}$$

$$-\left(\lambda_{\mathrm{eff}}\frac{\partial T}{\partial x} + L(T)\delta_{\mathrm{v}}P_{\mathrm{v,sat}}\frac{\partial\varphi}{\partial x}\right)\Big|_{x=l} = h_{\mathrm{ce}}(T_{\mathrm{e}} - T_{\mathrm{x=l}}) + L(T)h_{\mathrm{me}}(\rho_{\mathrm{v,e}} - \rho_{\mathrm{v,x=l}}) + \alpha q_{\mathrm{rad}}$$

$$\tag{6-33}$$

水蒸气密度 ρ_{v} 以相对湿度 φ 和温度 T 表示[10]：

$$\rho_{\mathrm{v}} = \frac{P_{\mathrm{v}}}{R_{\mathrm{v}}T_{\mathrm{k}}} = \frac{\varphi P_{\mathrm{v,sat}}}{R_{\mathrm{v}}(T+273)}\,(\mathrm{kg/m^3}) \tag{6-34}$$

式中　h_{c0}、h_{ce}——分别为围护结构内外表面的对流换热系数，$\mathrm{W/(m^2 \cdot ℃)}$；

　　　h_{m0}、h_{me}——分别为内、外表面质交换系数，$\mathrm{m/s}$；

　　　$T_{\mathrm{x=0}}$、$T_{\mathrm{x=}l}$——分别为围护结构内、外表面温度，$℃$；

　　　　T_0、T_{e}——分别为室内外空气温度，$℃$；

　　$\rho_{\mathrm{v,x=0}}$、$\rho_{\mathrm{v,x=}l}$——分别为围护结构内、外表面水蒸气密度，$\mathrm{kg/m^3}$；

　　　　$\rho_{\mathrm{v,0}}$、$\rho_{\mathrm{v,e}}$——分别为室内外水蒸气密度，$\mathrm{kg/m^3}$；

q_{rad}——太阳辐射热，W/m^2；

$h_{r,j}$——室内各表面间的辐射换热系数，$W/(m^2 \cdot ℃)$；

T_n——室内各表面的温度，℃。

闫增峰对生土建筑材料的等温吸放湿过程进行了实验研究，提出了生土建筑墙体表面质交换系数的实验测试方法[11]。Kusuda 提出在室内环境中，可以取 $0.85W/(m^2 \cdot K)$ 作为表面对流换热系数来计算表面传质系数，此值比 ASHRAE[12] 推荐的设计值要小，但是该值是平均值，代表所有内壁面的平均对流换热系数，而不只是外墙或屋顶的内表面换热系数。Kusuda 发现质交换系数变化不敏感，因此利用 Lewis 关系式就可近似计算该值[13]。

因此，本章利用刘易斯关系式计算质交换系数，由对流换热系数 h_c 可计算得到表面质交换系数 h_m，其关系式如下：

$$h_m = \frac{h_c}{\rho_a C_p} \tag{6-35}$$

6.2.2 室内空气热湿平衡方程

1. 室内空气湿平衡方程

为研究方便，对室内空气含湿量采用集总分析法，忽略含湿量在空间的变化，即认为其参数只是时间的函数：

$$\frac{\partial W_0}{\partial x} = \frac{\partial W_0}{\partial y} = \frac{\partial W_0}{\partial z} = 0 \tag{6-36}$$

现有的室内空气湿度计算模型和方法大多未考虑墙体内表面的吸、放湿特性。墙体内表面的吸、放湿是一个动态过程，当室内水蒸气密度高于墙体内表面水蒸气密度时，墙体内表面吸收空气中的湿组分；当室内水蒸气密度低于墙体内表面水蒸气密度时，内表面又将其内部的湿组分释放到空气中。因此，准确计算室内湿度时需考虑墙体内表面的吸、放湿过程。

考虑墙体内表面与室内空气之间的湿交换，室内空气湿平衡方程如下所示：

$$\rho_a V \frac{\partial W_0(t)}{\partial t} = W_{in}(t) + W_L(t) + W_V(t) + W_f(t) \tag{6-37}$$

空气含湿量 W 与相对湿度及温度的关系如下（其值可根据需要相互转换）：

$$W = \frac{\rho_v}{\rho_a} = \frac{m_v}{m_a} = 0.622 \frac{\varphi P_{v,sat}}{B - \varphi P_{v,sat}} \tag{6-38}$$

$$P_{v,sat}(T) = 610.5 \exp\left(\frac{17.269T}{237.3 + T}\right) \tag{6-39}$$

式中　$W_0(t)$——t 时刻室内空气含湿量，kg/kg；

φ——空气相对湿度，%；

$P_{v,sat}$——饱和水蒸气压力，Pa；

$W_{in}(t)$——t 时刻室内设备、照明和人员等的散湿量，kg/s；

$W_L(t)$——t 时刻墙体内表面与室内空气之间的湿交换量，kg/s；

$$W_L(t) = \sum_{j=1}^{n} h_{m0,j} A_j [\rho_{v,x=0,j}(t) - \rho_{v,0}(t)] \tag{6-40}$$

$W_V(t)$——t 时刻由于通风换气进入室内的湿量，kg/s；

$$W_V(t) = NV\rho_a[W_e(t) - W_0(t)] \tag{6-41}$$

$W_e(t)$——t 时刻室外空气含湿量，kg/kg；

$W_f(t)$——t 时刻通过门窗缝隙进入室内的湿量，kg/s。

当房间处于空调状态时，室内空气湿平衡方程为：

$$\rho_a V \frac{\partial W_0(t)}{\partial t} = W_{in}(t) + W_L(t) + W_V(t) + W_f(t) + W_{HVAC}(t) \tag{6-42}$$

式中　$W_{HVAC}(t)$——t 时刻空调加湿量或除湿量，kg/s。

2. 室内空气热平衡方程

为研究方便，对室内空气温度也采用集总分析法，忽略温度在空间的变化，即认为其只是时间的函数：

$$\frac{\partial T}{\partial x} = \frac{\partial T}{\partial y} = \frac{\partial T}{\partial z} = 0 \tag{6-43}$$

室内空气热平衡方程由下式表示：

$$\rho_a c_p V \frac{dT_0(t)}{dt} = Q_{in}(t) + Q_c(t) + Q_V(t) + Q_s(t) + Q_f(t) \tag{6-44}$$

式中　ρ_a——空气密度，kg/m³；

　　　c_p——空气的定压比热，J/(kg·K)；

　　　V——房间体积，m³；

　　$T_0(t)$——t 时刻室内空气温度，K；

　$Q_{in}(t)$——t 时刻室内设备、照明和人员等的放热量，W；

　　$Q_c(t)$——t 时刻室内空气与墙体内表面的对流换热量，W；

$$Q_c(t) = \sum_{j=1}^{n} h_{cj} A_j [T_{x=0,j}(t) - T_0(t)] \tag{6-45}$$

　　　n——墙体内表面的个数；

　　h_{cj}——第 j 个内表面的对流换热系数，W/(m²·K)；

　　　A_j——第 j 个内表面的面积，m²；

$T_{x=0,j}(t)$——第 j 个内表面 t 时刻的表面温度，K；

　　$Q_V(t)$——t 时刻由于通风换气进入室内的热量，W；

$$Q_V(t) = NV\rho_a c_p [T_e(t) - T_0(t)] \tag{6-46}$$

　　　N——房间换气次数；

　　$T_e(t)$——t 时刻室外空气温度，K；

　　$Q_s(t)$——t 时刻通过门窗进入室内的太阳辐射得热量[11]，W；

$$Q_s(t) = I(t) \cdot \tau \cdot SC \cdot x_f \cdot F \tag{6-47}$$

　　$I(t)$——t 时刻投射到窗玻璃上的太阳辐射强度，W/m²；

　　　τ——玻璃对太阳辐射的透过率；

　　SC——全遮阳系数；

　　　x_f——窗玻璃的有效面积系数，单层木窗取 0.7，双层木窗取 0.6，单层钢窗取 0.85，双层钢窗取 0.75；

　　　F——窗面积，m²；

$Q_f(t)$——t 时刻通过门窗缝隙进入室内的热量，W。

当房间处于空调状态时，室内空气热平衡方程为：

$$\rho_a c_p V \frac{dT_0(t)}{dt} = Q_{in}(t) + Q_c(t) + Q_V(t) + Q_s(t) + Q_f(t) + Q_{HVAC}(t) \quad (6-48)$$

式中 $Q_{HVAC}(t)$——t 时刻空调供热量或供冷量，W。

6.3 墙体传湿对传热的影响分析

对墙体传热过程的准确计算是暖通系统设计、建筑能耗分析的基础。以往墙体传热计算往往忽略壁体的传湿作用，而事实上墙体传热和传湿过程存在相互作用关系，且后者对前者有很大影响。虽然实验是研究建筑墙体热湿状态最直接的方法，但由于湿组分迁移速率较慢，要求实测周期很长，因此通过实验测试的方法来研究不同热湿环境条件下墙体的热湿迁移过程是非常困难的。

本节利用第 6.2.1 节经验证过的围护结构热湿耦合传递数学模型，分析了多种边界条件下考虑与未考虑墙体湿迁移情况下，墙体内表面温度及热流的差异特性；获得墙体传湿对传热过程的影响关系。

6.3.1 定常边界条件下传湿对内表面温度及热流的定量影响关系

1. 定常边界条件下传湿对传热的影响

为研究在定常边界条件下墙体传湿对传热的影响，本节以 10cm 厚的松木板墙和 10cm 厚的混凝土墙为研究对象，选取三种不同热湿工况进行计算，分析定常边界条件下传湿对传热过程的影响。

工况 1：不考虑传湿的影响，室内外空气温度分别为 20℃、35℃，初始温度为 20℃；

工况 2：考虑传湿的影响，室外空气温湿度分别为 35℃ 和 85%，室内空气温湿度分别为 20℃ 和 60%，初始温度和相对湿度分别为 20℃ 和 60%；

工况 3：考虑传湿的影响，与工况 2 相比，室外空气相对湿度为 95%，其余条件相同。

松木板墙与混凝土墙在三种热湿环境下达到稳定状态时的内部温湿度分布分别如图 6-1 和图 6-2 所示。

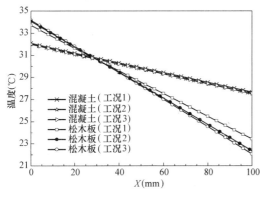

图 6-1 不同热湿环境下达到稳定状态时内部温度分布

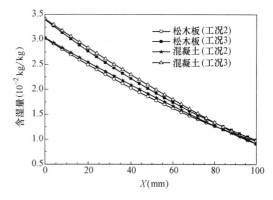

图 6-2 不同热湿环境下达到稳定状态时内部含湿量分布

127

根据图 6-1，混凝土墙在三种工况下达到稳定状态时的内部温度分布情况基本相同，表明传湿对混凝土内部温度分布影响较小，可以忽略；松木板墙考虑传湿的工况 2 和工况 3 的内部温度分布相似，与工况 1 有明显差异。对于靠近外表面的区域，工况 1 温度低于工况 2 和工况 3，而靠近内表面的区域，工况 1 温度高于工况 2 和工况 3。其原因为：室外空气含湿量较高，外表面吸湿并吸热，使得外表面温度较高；室内空气含湿量较低，内表面放湿并放热，从而降低了内表面温度。从松木板墙工况 2、工况 3 还可知，当由室外向室内的传湿量越大，引起的外表面温度越高，内表面温度越低。

根据图 6-2，松木板墙与混凝土墙在工况 2、工况 3 条件下达到稳定状态时的内部含湿量分布均相似，且混凝土墙内部含湿量始终高于松木板墙。松木板墙与混凝土墙在工况 2、工况 3 条件下，外表面含湿量相差较大，随着厚度的增加，差值逐渐减少，直至内表面处含湿量近似相等。其原因为：松木板吸湿、传湿性能强于混凝土，松木板外部吸湿经材料内部传递至室内，而混凝土外部吸湿多蓄存于材料内部。

室内热环境营造过程中多关心墙体内表面温度，且建筑冷热负荷也主要通过墙体内表面热流和湿流体现。因此，此处仅对内表面做详细分析。松木板墙与混凝土墙在三种工况下初始阶段内表面温度、热流量及湿流量变化特性分别如图 6-3、图 6-4 和图 6-5 所示。

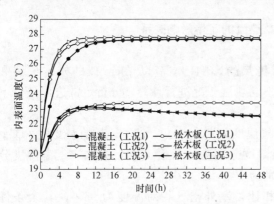

图 6-3　三种工况下初始阶段内表面温度变化

根据图 6-3，松木板墙和混凝土墙内表面温度在初始 8h 内升高较快，而后均趋于稳定。松木板墙在初始 8h 内，考虑传湿工况下的内表面温度高于不考虑工况，而之后则相反。混凝土墙也有与松木板墙相同的上述特性，但是由于混凝土吸湿传湿性能较差，表现得不太明显。原因为：考虑传湿与未考虑传湿相比，初始阶段传湿引起的导热系数偏大，因此内表面温度较高；而后，随着湿传递量的增大，内表面潜热换热量增加，导致内表面温度又降低。

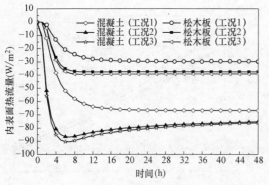

图 6-4　三种工况下初始阶段内表面热流量变化　图 6-5　考虑传湿工况下初始阶段内表面湿流量变化

由图 6-4 可知，热流量为负值表示松木板墙与混凝土墙向室内放热。混凝土墙内表面温度高于松木板墙，因此，其表面热流量高于松木板墙。混凝土墙在三种工况下内表面温差较小，但是工况 2 与工况 3 的内表面热流量明显高于工况 1，原因为：工况 2 与工况 3 的热流包括内表面湿组分向室内传递的潜热流，且在初始阶段潜热流较大，随着传湿量的减少，潜热流也逐渐减少。图 6-3 中松木板墙在三种工况下初始阶段的内表面温度差值较小，随后工况 2、工况 3 内表面温度开始降低，而在图 6-4 中工况 2、工况 3 热流量不变，原因为：工况 2、工况 3 由于温差引起的显热热流减少，而由湿组分迁移产生的潜热热流增加，因此其总热流量基本保持不变。

由图 6-5 可知，湿流量为负值表示松木板墙与混凝土墙内表面向室内放湿。混凝土墙在工况 2、工况 3 条件下的内表面湿流量近似相等，而松木板墙在工况 2、工况 3 条件下的内表面湿流量相差较大，其原因为：松木板的吸湿性强于混凝土，因此室内外空气含湿量差值越大，松木板墙的湿流量增大得越明显。

松木板墙与混凝土墙在三种工况下达到稳定状态时的内外表面温度及热流量如表 6-1 所示。

稳定状态时内外表面温度及热流量　　　　　　　　　表 6-1

材　　料	外表面温度(℃)	内表面温度(℃)	热流量(W/m²)
松木板(工况 1)	33.7	23.4	29.8
松木板(工况 2)	34.1	22.3	37.6
松木板(工况 3)	34.2	22.1	39.3
混凝土(工况 1)	32.1	27.7	66.8
混凝土(工况 2)	32.3	27.5	67.7
混凝土(工况 3)	32.3	27.5	68.1

松木板墙工况 2、工况 3 外表面温度分别比工况 1 高 0.4℃和 0.5℃，工况 2、工况 3 内表面温度分别比工况 1 低 1.1℃和 1.3℃；工况 2 外表面显热流量为 20.7W/m²，潜热流量为 16.9W/m²，潜热流占总热流的 45%，内表面显热流量为 20W/m²，潜热流量为 17.6W/m²，潜热流占总热流的 47%；工况 3 外表面显热流量为 18.4W/m²，潜热流量为 20.9W/m²，潜热流占总热流的 53%，内表面显热流量为 18.3W/m²，潜热流量为 21W/m²，潜热流占总热流的 53%。

混凝土墙工况 2、工况 3 外表面温度相等且比工况 1 高 0.2℃，工况 2、工况 3 内表面温度相等且比工况 1 低 0.2℃；工况 2 与工况 3 外表面显热流量为 62.1W/m²，潜热流量分别为 5.6W/m²和 6W/m²，潜热流分别占总热流的 8.3%和 8.8%；工况 2 与工况 3 内表面显热流量为 65.3W/m²，潜热流量分别为 2.4W/m²和 2.8W/m²，潜热流分别占总热流的 3.5%和 4.1%。

松木板墙与混凝土墙在考虑传湿的情况下达到稳定状态时的内外表面含湿量及湿流量如表 6-2 所示。内部空气含湿量稳态时为 0.0087kg/kg，工况 2 稳态时外部空气含湿量为 0.0308kg/kg，工况 3 稳态时外部空气含湿量为 0.0346kg/kg。由表 6-2 可知，松木板墙的湿流量明显高于混凝土。松木板墙工况 3 的湿流量比工况 2 大 23.5%，而混凝土墙工况 3 的湿流量比工况 2 大 19.8%；工况 2、工况 3 条件下的松木板墙湿流量分别为混凝土墙的 5.3 倍和 5.4 倍。

材料	外表面含湿量(kg/kg)	内表面含湿量(kg/kg)	湿流量(10^{-6}kg/m²)
松木板(工况 2)	0.0303	0.0097	7.18
松木板(工况 3)	0.0341	0.0099	8.87
混凝土(工况 2)	0.0303	0.0091	1.36
混凝土(工况 3)	0.0306	0.0091	1.63

2. 室外相对湿度对内表面温度及热流的影响

为研究在稳态条件下，不同室外相对湿度对墙体内表面温度及热流的影响，本节以 10cm 松木板墙、10cm 混凝土墙和 10cm 多孔砖墙为研究对象。室内外空气温度分别为 25℃和 35℃，室内空气相对湿度为 50%。分 6 种工况对定常边界条件下内表面温度及潜热热流百分比进行分析，工况 1 未考虑传湿对传热过程的影响；其他工况均考虑传湿对传热过程的影响，且室外空气相对湿度分别为 90%，80%，70%，60% 和 50%[14]。

不同工况下松木板墙、混凝土墙与砖墙内表面温度（单位:℃）　　　表 6-3

工况	松木板	混凝土	多孔砖
工况 1	27.3	29.1	29.3
工况 2	25.9	28.9	28.6
工况 3	26.2	29.0	28.7
工况 4	26.5	29.0	28.9
工况 5	26.8	29.0	29.0
工况 6	27.2	29.1	29.2

三种墙体在不同工况下达到稳定状态时的内表面温度如表 6-3 所示。室外空气含湿量高于室内空气含湿量，在稳态条件下，湿组分表现为从室外传向室内。传湿情况下墙体内表面温度比未考虑传湿情况低。在工况 2 条件下，室内外空气含湿量差最大，松木板墙、混凝土墙和多孔砖墙内表面温度分别比工况 1 低 1.4℃、0.2℃、0.7℃。室内外含湿量差越大，从室外传向室内的湿迁移量越多，进而在墙体内表面上的湿组分蒸发量越大，因此墙体内表面温度降低越多[14]。

三种墙体在不同工况下达到稳定状态时的内表面潜热热流百分比如表 6-4 所示。工况 2 条件下，松木板墙、混凝土墙和多孔砖墙内表面潜热热流百分比分别为 72.9%、8.1%、35.6%，随着室内外空气含湿量差值的减少，潜热热流百分比也相应减少。工况 6 条件下，尽管松木板墙与砖墙内表面温度与不考虑传湿过程相比差值很小，但是潜热热流百分比分别为 11.8% 和 9.1%。因此，准确计算墙体导热热流时必须考虑由传湿过程引起的潜热热流的影响[14]。

不同工况下松木板墙、混凝土墙与砖墙内表面潜热热流百分比　　　表 6-4

工况	松木板	混凝土	多孔砖
工况 2	72.9%	8.1%	35.6%
工况 3	61.6%	4.9%	30.8%
工况 4	48.6%	3.9%	23.6%

工况	松木板	混凝土	多孔砖
工况5	33.6%	3.1%	17.7%
工况6	11.8%	0	9.1%

注：潜热热流百分比为湿组分传递引起的潜热热流与总热流的比值。

6.3.2 周期性边界条件下传湿对内表面温度的定量影响关系

1. 室外相对湿度周期性变化对墙体内表面温度的影响

室外空气温湿度昼夜变化，为研究室外相对湿度的昼夜变化引起的通过墙体进入室内的湿量，本节以10cm厚的松木板墙和砖墙作为研究对象进行计算分析。室外温度为35℃，室内温度为28℃。潮湿地区室内相对湿度为70%，干燥地区室内相对湿度为40%。工况1和工况2代表潮湿地区的室外相对湿度，其表达式分别为 $\varphi_e(t)=0.7-0.2\cos\left(\dfrac{\pi t}{12}+2.6\right)$ 和 $\varphi_e(t)=0.7-0.1\cos\left(\dfrac{\pi t}{12}+2.6\right)$，二者的区别在于相对湿度波动振幅不一样。工况3代表干燥地区室内空气相对湿度，其表达式为 $\varphi_e(t)=0.4-0.05\cos\left(\dfrac{\pi t}{12}+2.6\right)$。

由图6-6和图6-7可知，墙体内表面温度与外表面温度相比存在时间延迟现象。室内外温度及室内相对湿度设定为常数，因此，墙体内外表面温度变化是由室外空气相对湿度周期变化引起的。当室外相对湿度周期变化时，墙体外表面由于受吸、放湿引起的潜热影响而使其温度也发生周期性的变化。对于内表面来说，当墙体表面放湿量增加时，其表面温度应降低，但事实相反，其原因为：由室外相对湿度变化引起的墙体内表面放湿量较小，与墙体外表面温度对内表面温度的影响相比，室外相对湿度变化对内表面温度的影响可以忽略。

当未考虑传湿时，松木板墙和砖墙内表面温度分别为29.6℃和31℃，外表面温度分别为34.4℃和33.9℃。图6-6显示松木板墙外表面温度低于34.4℃的时间为整个周期的47%，图6-7显示砖墙外表面温度低于33.9℃的时间为整个周期的42%。当外表面温度降低时，内表面温度也相应降低。

图6-8和图6-9中负值表示湿组分由表面向周围环境迁移，正值则相反。图中显示内

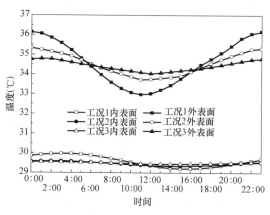

图6-6 三种工况下松木板墙内外表面温度

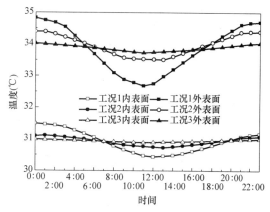

图6-7 三种工况下砖墙内外表面温度

表面湿流量远远小于外表面湿流量，且内表面湿流量随外表面湿流量的变化而变化。外表面在整个周期内表现为吸、放湿交替过程，而墙体内表面则始终表现为放湿过程。

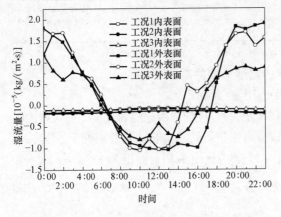

图 6-8　三种工况下松木板墙内外表面湿流量　　　图 6-9　三种工况下砖墙内外表面湿流量

2. 周期性边界条件下传湿对内表面温度的影响

由于室外空气相对湿度昼夜变化引起的通过墙体进入室内的传湿量几乎为零，所以本节以 10cm 松木板墙和 10cm 多孔砖墙为对象，研究仅考虑由室内空气相对湿度变化引起的墙体内表面的吸、放湿过程。在墙体吸、放湿过程中伴随着吸、放湿热量，该热量具有加热或冷却墙体表面的作用。为描述该影响，对松木板墙和砖墙在不同周期性边界条件下的内表面温度进行计算分析[14]。

室内外空气温度变化如下式所示：

室外温度：

$$T_e(t) = 30 + 3\cos\left(\frac{\pi t}{12} - 161\right) \tag{6-49}$$

室内温度：

$$T_0(t) = 26 + 2.5\cos\left(\frac{\pi t}{12} - 161\right) \tag{6-50}$$

室内外空气相对湿度变化如表 6-5 所示，工况 1 不考虑传湿；工况 2、工况 3、工况 4 代表潮湿地区，其区别在于室内相对湿度变化幅度不同；工况 5、工况 6 代表干燥地区且室内相对湿度变化幅度不同。

不同工况下室内外空气相对湿度　　　　　　　　　　　　　　　　　　表 6-5

工况	室外相对湿度	室内相对湿度
工况 2	$\varphi_e(t) = 0.7 - 0.1\cos\left(\frac{\pi t}{12} + 2.6\right)$	$\varphi_0(t) = 0.7 - 0.05\cos\left(\frac{\pi t}{12} + 2.6\right)$
工况 3	$\varphi_e(t) = 0.7 - 0.1\cos\left(\frac{\pi t}{12} + 2.6\right)$	$\varphi_0(t) = 0.7 - 0.15\cos\left(\frac{\pi t}{12} + 2.6\right)$
工况 4	$\varphi_e(t) = 0.7 - 0.1\cos\left(\frac{\pi t}{12} + 2.6\right)$	$\varphi_0(t) = 0.7 - 0.25\cos\left(\frac{\pi t}{12} + 2.6\right)$
工况 5	$\varphi_e(t) = 0.4 - 0.1\cos\left(\frac{\pi t}{12} + 2.6\right)$	$\varphi_0(t) = 0.4 - 0.05\cos\left(\frac{\pi t}{12} + 2.6\right)$
工况 6	$\varphi_e(t) = 0.4 - 0.1\cos\left(\frac{\pi t}{12} + 2.6\right)$	$\varphi_0(t) = 0.4 - 0.1\cos\left(\frac{\pi t}{12} + 2.6\right)$

不同工况下松木板墙内表面温度如图 6-10 所示。未考虑传湿时，墙体内表面温度始终高于室内空气温度，对室内空气起加热作用，不利于室内热环境的改善。当考虑传湿时，墙体内表面温度有部分时间低于室内空气温度，对室内空气起冷却作用。对于松木板墙来说，当室内空气相对湿度变化幅度较小时，如工况 2 和工况 5，墙体内表面温度低于室内空气温度的时间较少，且冷却作用不明显。室内空气相对湿度变化幅度较大时，如工况 3、工况 4 和工况 6，墙体内表面温度低于室内空气温度的时间较长，且冷却作用较为明显，其中工况 4 的这种现象更为明显。工况 3 和工况 6 的冷却时间为 9：00～17：00，墙体内表面温度平均比室内空气温度低 0.7℃左右，工况 4 的冷却时间为 8：00～18：00，墙体内表面温度平均比室内空气温度低 1.5℃左右，且该时间段恰好是白天人们的工作时间，墙体对室内空气的冷却作用将有利于改善室内热环境，提高人体热舒适。其余时间墙体温度高于室内空气温度，但是该时间段为人们夜间休息时间，对室内热环境要求较低，因此不会对人体热舒适有明显影响[14]。

不同工况下砖墙内表面温度如图 6-11 所示，未考虑传湿时，墙体内表面温度始终高于室内空气温度；当考虑传湿过程时，墙体内表面温度虽有一段时间低于未考虑传湿的情况，但是仍高于室内空气温度，对室内空气起加热作用。只有在工况 5 条件下，在 9：00～17：00 时间段墙体内表面温度平均低于室内空气温度 0.5℃左右。

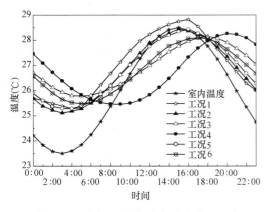

图 6-10　不同工况下松木板墙内表面温度

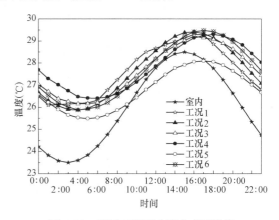

图 6-11　不同工况下砖墙内表面温度

由于松木板和砖的热湿物性随温湿度变化特性不同，因此以松木板和砖为墙体材料的墙体在不同热湿环境下所表现出的热工性能也不同。

3. 节能性分析

在室内温湿度很舒适的情况下，由墙体内表面吸、放湿引起的表面温度变化很小甚至可以忽略，当室内温湿度处于舒适与不舒适之间的临界状态时，由墙体内表面的吸、放湿引起的墙体内表面温度变化对人体热舒适的影响会很大。在夏季或冬季，降低或提高墙体内表面温度均有利于室内热环境的改善，进而降低空调能耗。

为了表述考虑传湿时对空调能耗的减少程度，本节以第 6.3.2 节中松木板墙的工况 1 和工况 4 为例进行说明。在夏季当室内操作温度为 26℃时人们感到舒适。

操作温度 t_o 的计算式如下所示[15]：

$$t_o = \frac{h_r MRT + h_{c,p} T_0}{h_r + h_{c,p}} \tag{6-51}$$

式中 MRT——平均辐射温度，℃；

h_r——人体辐射换热系数，W/(m²·K)，冬天取值为 5.43W/(m²·K)，夏天取值为 5.8W/(m²·K)[16]；

$h_{c,p}$——人体对流换热系数，W/(m²·K)，冬天取 3.73W/(m²·K)，夏天取 2.64W/(m²·K)[17]。

如图 6-12 所示，对于工况 4，操作温度低于 26℃的时间范围是 8：00～12：00，因此在该时间段内不开空调即可满足人体热舒适要求。然而工况 1 的操作温度始终高于 26℃，因此需要开空调才能满足人体热舒适要求。当工作时间为 8：00～18：00 时，工况 4 可节能 40%。

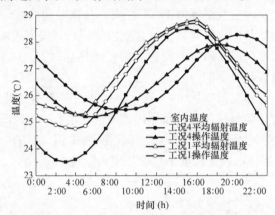

图 6-12 工况 1 和工况 4 平均辐射温度及操作温度

6.4 地表面热湿迁移过程的实验分析

对于整体建筑的热湿迁移过程研究，最容易忽略的是地面热湿迁移过程，在现有针对地面及土壤热湿耦合传递的研究中，数学模型的下边界往往设置为绝热绝湿，在计算通过地面的传热量时忽略来自地面的热湿传递，或只考虑传热过程。这种地下热湿边界的处理方式略显粗糙，不利于建筑能耗的准确值计算。尤其是在热湿地区，地下水位普遍较低，土壤中的热湿耦合迁移较为活跃，地表面的热湿状态必然受影响，此时不能再忽略地下水的作用。室内热湿环境的变化与地表面热湿状态的变化息息相关，进而会影响建筑能耗。

6.4.1 实验介绍

1. 实验场地与装置

实验在位于中国陕西省西安市西安建筑科技大学西部绿色建筑国家重点实验室的人工气候室进行，其示意图如图 6-13 所示。人工气候室由保温舱（长×宽×高：3.6m×3.3m×2.8m)、室内热环境调节系统及自动控制系统等组成，可以营造并维持一个相对稳定的室内热湿环境，具体热环境调控参数见表 6-6。人工气候室外的房间可以提供相对稳定的环境，在实验期间，房间温度维持在 13±2℃。

人工气候室调控参数　　　　　　　　　　　　　表 6-6

热环境参数	调控范围	热环境参数	调控范围
温度	5～40℃	风速	0.2～3.5m/s
相对湿度	20%～90%		

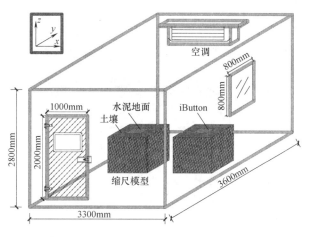

图 6-13　实验系统图

　　实验装置由小型冷水机组、马氏瓶和非绝湿地面缩尺模型组成，装置实物图如图6-14所示，图 6-15 为对应的缩尺模型结构及实验装置示意图。小型冷水机组可提供实验所需的地下水温度；马氏瓶用于控制和保持地下水位的高度。缩尺模型对应的研究主体为我国热湿地区的地面未设防潮层的建筑。这些建筑地面结构简单，造价低廉，而且地面大多无防潮层。同时，该地区地下水位普遍偏浅。因此，非绝湿地面的热湿耦合迁移将影响室内环境，进而影响空调能耗。缩尺模型主要由室外土壤、室内地面和热湿边界条件组成，如图 6-16 中虚线框的选择范围所示。室外土壤近似于半无限大模型，实际室内地面尺寸相对较大，在实验中不可能按照土壤和地面的真实大小复现。根据 Gerson H. dos Santos 的研究，[18]考虑了室内地面和室外土壤真实尺寸之后得到的物理模型，将室内地面及其与地下水之间土壤视为非绝湿建筑地面。通过选择合适的缩尺尺寸，并假定缩尺模型的整个外部土壤边界为绝热绝湿，将缩尺模型与半无限土体分开。缩尺模型的尺寸与物理模型相比，缩小了 20 倍。缩尺模型是一个由五面玻璃体构成的立方体，立方体外包裹保温材料来减少环境与模型之间的热交换。保温层内外包有防水层，以保证半无限大室外土体的外边界被简化为绝热绝湿。具体的包裹顺序如图 6-15 所示，具体的尺寸参数如表 6-7 所示。由于外层防水材料难以与保温层紧密贴合，为了阻止水分进入，外部防水材料用贴合度较高的塑料薄膜替代。

图 6-14　实验实物图

　　地面热湿状态变化源于其下方土壤的热湿耦合传递和其上方的室内热湿环境的双向作用，由此确定了缩尺模型中的研究主体，如图 6-15 和 6-16 实线框起部分。研究主体上部与室内热湿环境相接触，四周与土壤相接触，可以真实地反映土壤在不同边界条件下的热湿传递，不再局限于数学模型中普遍采用的绝热绝湿的边界条件。

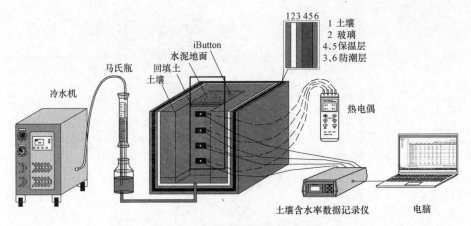

图 6-15　缩尺模型结构及实验装置

缩尺模型的外部材料　　　　　　　　　　　　　　表 6-7

玻璃外部材料(由内至外)	材料	厚度(mm)	$\lambda[W/(m \cdot K)]$
防水层	SBC 防水材料	2	—
保温层	橡塑海绵	30	0.034
保温层	橡塑海绵	30	0.034
防水层	塑料薄膜	2	—

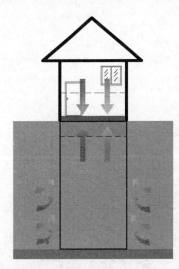

图 6-16　非绝湿建筑地面热湿
耦合传递示意图

　　为突出对比效果,缩尺模型根据热湿边界的不同设置
了两种类型:一种为研究主体四周均与土壤直接接触。由
于实验土壤初始条件均为完全烘干,温度也保持一致,研
究主体的边界与周边土壤不存在热湿交换,此时边界可以
视为绝热绝湿,这也是现有数学模型的普遍假设条件,将
该组作为实验的对照组。另一种是在研究主体的底部提供
稳定水位和水温的地下水。此时,主体四周边界与周围土
壤存在明显的热湿传递,不能再视为绝热绝湿,随着地下
水温和土壤温度的变化可实现多种边界条件,将该组作为
实验的实验组。根据实验工况的需求,缩尺模型的尺寸主
要有两种,如图 6-17 所示。

　　实验前将所用沙子、砂质粉土、回填土均用筛子过
滤,除去石块等其他杂质,保证土壤粒径均匀一致。筛选
后的土壤放入干燥箱中至完全烘干。烘干后的样品填充至
缩尺模型中,同时布置好热电偶和土壤水分探头。地面构
造按照规范[19]要求布置,并在自然条件下晾干,具体尺寸如图 6-17 所示。实验组模型底
部铺一层石子,预留出地下水空间。实验时,同时把实验组和对照组放到人工气候室中。

　　2. 测试仪器与测点分布

　　实验测量了地表面温湿度、室内温湿度、土壤内部温度和含水率,表 6-8 展示了各种
测试仪器以及测试仪器的参数与功能。地表面的温湿度由贴附在表面的 iButtonDS 1923

测得，为了准确测得地面的热湿状态，减少周围温湿度的干扰，采用 5 点测温法。所有的测试仪器每隔 5min 自动记录一次实验数据，测点分布如图 6-17 所示。

测试仪器   表 6-8

仪器名称	图片	测试范围	精度	功能
热电偶		$-200\sim200\,℃$	$\pm(0.2\%\ \text{reading}+1\,℃)$	测量温度、收集数据
湿度探头		$0\sim100\%$	$\pm3\%$	测量含水率、收集数据
iButton		$-20\sim85\,℃$ $0\sim100\%$	$\pm0.5\,℃$ 0.6%	测量物体表面温湿度
温湿度记录块		$0\sim55\,℃$	$\pm5\%\ \text{reading}$	测量空气温湿度

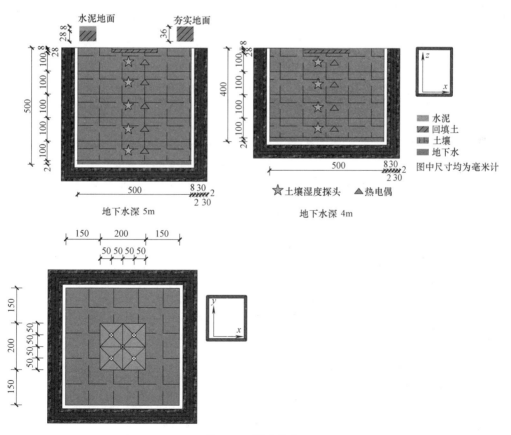

图 6-17　测点分布

3. 工况设定

选取土壤类型、地面构造、室内环境温度和相对湿度、地下水位和水温等主要影响因素，作为研究地下水对地表面温湿度影响的工况。

（1）室内环境温度和相对湿度

实验中室内温度和相对湿度分别设置为 26℃、60％（夏季），18℃、60％（冬季），26℃、30％（夏季），18℃、30％（冬季）。符合我国民用建筑暖通空调设计要求的温度和相对湿度的要求：夏季空调设计温度为 26℃，相对湿度为 60％；冬季室内设计温度为 18℃，相对湿度不应小于 30％。根据冬季不同地区的区域差异，实验选取 30％和 60％的相对湿度作为实验工况，同时这些相对湿度的差异可以明显对比室内不同相对湿度对地表面热湿状态的影响。夏季相对湿度选择为 30％，与冬季相对湿度相统一，比较不同温度条件下对地表面温湿度的影响。因此，所选定的温度和相对湿度的实验工况，代表了冬夏季普通建筑典型室内环境的真实情况。同时，这些温度和相对湿度的选择也符合建筑节能设计标准的要求，有助于后续对建筑能耗影响的分析。

（2）地面构造

地面结构选取了热湿地区两种最为典型无防潮层地面结构：水泥地面和夯实地面。

（3）土壤类型

事实上，地下土壤是多层的而且组分复杂，实验中再现真实情况是很困难的。为了单纯比较土壤类型的不同对地表面热湿状态的影响程度，实验简化了地下土壤，选择在我国热湿地区最常见的两种土壤：砂质粉土和沙子。这两种土壤中在我国热湿地区占很大比例，因此在一定程度上它们能真实反映地下土壤情况。

（4）地下水

地下水温度和地下水位高度的选择参照我国的地下水文资料。温度与实际地下水温度一致，根据实际水深，按一定比例对水位高度缩尺。

4. 实验步骤

实验步骤如图 6-18 所示。

（1）用筛子筛选实验用土，去除土壤中的石块、植物根部等杂质。

（2）按照规范要求制作地面构造[19]。

（3）将土壤和地面构造放置烘干箱中完全烘干，即含水率接近于 0。含水率的测试遵从文献［20］。

（4）模型装置由五面玻璃体组成，模型外包裹保温层和防水层。具体的包装顺序如图 6-15所示。

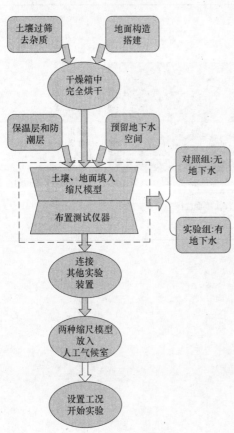

图 6-18　实验流程图

（5）玻璃底部铺有鹅卵石，为地下水预留空间。

（6）向模型中填充土壤和地面，并在填充过程中布置温度和湿度探头，iButton 放置在地表面。表 6-8 显示了各种测试仪器以及测试仪器的参数与功能。测试点分布如图 6-17 所示。

（7）模型有两种：对照组和实验组。实验组模型通过小型冷水机组与马氏瓶提供地下水。对照组无地下水。

（8）设定人工气候室的参数模拟特定室内环境。

（9）在人工气候室中放入两个缩尺模型，由冷水机组提供地下水马氏瓶维持地下水。实验周期为 48h。

（10）根据设定工况开始实验。

5. 重复实验验证

通过重复性实验与初次实验比较了不同室内温度和有无地下水情况下地表面温度的变化。重复性实验中选用的模型为置于沙子中的夯实地面。其他与初次实验相同，缩尺模型分别有两组，一组有地下水，一组没有。实验工况为：18℃，60%；26℃，60%。如图 6-19 中比较所示，重复实验的结果与初次实验结果吻合。通过对实验期间相对误差的计算，在四种工况下，平均相对误差均在 5% 以下。因此，认为实验数据是可靠的。

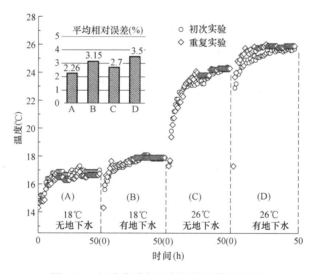

图 6-19　初次实验与重复性实验数据比较

6.4.2　不同影响因素下地表面温湿度变化

1. 环境温度和土壤类型

模型分别为置于沙子中的夯实地面和置于砂质粉土中的夯实地面，对照组与实验组均相同，实验工况分别为 18℃，60% 和 26℃，60%，地下水位深度 5m，水温 16℃。实验周期为 48h，在两个变量（土壤类型和室内温度）的影响下，地表面温度的变化如图 6-20 所示，相对湿度变化如图 6-21 所示。

如图 6-20 所示，无论是环境温度的差异还是土壤类型的不同，有地下水作用下的地表面温度均高于无地下水作用的地表面温度。这是因为，实验模型四周及底部包有保温隔湿材料，其边界可视为绝热绝湿，传热仅由室内向深层土壤的一维传递，热端为室内环

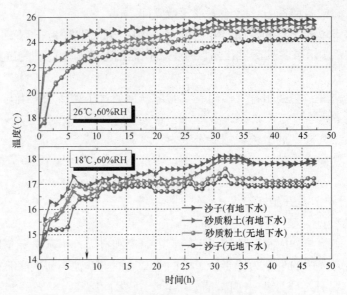

图 6-20　不同环境温度和不同土壤类型下的地表面温度

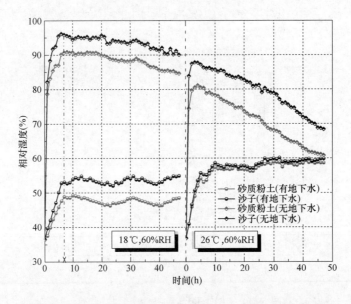

图 6-21　不同环境温度和不同土壤类型下的地表面相对湿度

境，冷端为深层土壤，深度 $Z=500\text{mm}$。在 18℃工况时，两组土壤初始温度均为 14.3℃，实验组地下水温度维持在 16℃，对照组无地下水。实验开始后对照组 3.7℃的传热温差大于实验组 2℃的传热温差，通过室内向地面的传热量大，对照组地面短期温升速率比实验组快，但是由于两组的传热温差均较小，因此增加速率并不太显著。而在 26℃实验工况下，$Z=500\text{mm}$ 处土壤初始温度为 17.3℃，与地下水温度 16℃的实验组相比，8.7℃的传热温差要小于 10℃的，并且该工况下的传热温差大于 18℃工况下的，因此该工况下对照组和实验组地面温升快且显著。随着实验的进行，对照组 $Z=500\text{mm}$ 处土壤温度逐渐上升，但实验组的地下水仍维持在 16℃左右，实验组的传热量要大于对照组，地表面获得热量要多，因此，达到稳态后实验组地表面温度要高。

无地下水作用时，砂质粉土中的地表面温度要高于沙子中的，而有地下水作用时，结果却相反。地下水对土壤层为沙子的地表面温度作用更明显，如图 6-20 所示，有地下水作用时，在环境温度为 18℃ 和 26℃ 时，沙子土壤层的地表面温度升高分别为 0.9℃ 和 1.4℃，而砂质粉土土壤层的地表面温度只升高了 0.6℃ 和 0.3℃。虽然沙子的导热系数小于砂质粉土，但是两者导热系数均小于 1，在传热计算中温差才占主导。在对照组，无地下水的作用，由于沙子的比热容较低，其升温速率比砂质粉土快，而其传热温差相较砂质粉土亦呈现较快的降低趋势。同时砂质粉土的导热系数大于沙子，因此，砂质粉土层的地表面最终获得的热量多于沙子层的，其表面的夯实地面温度要高于在沙子表面的。在实验组中，由于地下水的存在减小了两种土壤在 $Z=500\text{mm}$ 处比热不同造成温升差异，而较小的导热系数差异对传热的影响甚微。在不考虑矿物成分引起的差异性下，沙子跟砂质粉土相比，因土颗粒含量少，密实度低，颗粒堆积形成的孔隙结构表现出更为活跃的毛细作用，对水分子的亲和力较高，因此通过沙子传递的湿组分更多。同时，地下水向地面传递的湿组分主要为水蒸气，其蒸发所携带的汽化潜热也一起到达了地面，因此处在沙子中的地表面获得更多的热量，温度更高。

实验期间，有地下水作用时的地表面相对湿度要低于无地下水作用的。如图 6-21 所示，两组实验中所选地面为夯实地面，其表面初始相对湿度很低，不到 30%，表面初始温度为 14.3℃，因此地表面附近水蒸气分压力极低。夯实地面和土壤为有较高的吸水性的多孔材料，当模型处于 18℃，60% 和 26℃，60% 的工况后，在水蒸气分压力差的作用下，水蒸气迅速向地表面移动，对照组地表面附近空气相对湿度随之迅速升高。实验组和对照组相比，在地下水的作用下，湿组分向地表面传递，地面上下表面水蒸气分压力差比无地下水的对照组要小。因室内的相对湿度维持恒定，实验组通过室内向地表面的湿传递量要小于对照组。如图 6-21 所示，实验组地表面相对湿度升高幅度约为 20%，而对照组地表面相对湿度升高幅度约为 50%。在 18℃ 工况下对照组因其地表面附近较高的相对湿度导致露点温度偏低，地表温度低于空气的露点温度发生结露现象，其表面相对湿度升高至 95%。由于地面热惰性大，实验开始 7h 后，地表面温度才缓慢增长至 16℃，高于其附近空气的露点温度，停止结露。之后，随着地表面温度的升高，在水蒸气分压力差的作用下，水蒸气通过地面向下部土壤传播，因此两个工况下对照组表面相对湿度呈现缓慢下降趋势。实验组的地表面相对湿度在地下水和室内空气两侧水蒸气分压力共同的作用下处在一个动态波动过程。

如图 6-21 所示，无论下边界有无地下水的作用，处在沙子中的地表面相对湿度总是高于砂质粉土中的。沙子与砂质粉土相比，吸水性好，保水性、持水性差，湿组分在驱动势的作用下，无论湿源头是地下水还是周围大气，都能迅速的向含水率低的方向扩散。因此，在土壤类型为沙子时，地面构造总是能接触到更多的湿组分，自身含水量升高，其表面空气相对湿度也随之升高。当室内环境升温至 26℃ 时，湿传递系数增大，由环境到地面的湿传递量增加，砂质粉土中地表面相对湿度略高于 18℃ 工况下的。

2. 环境相对湿度

缩尺模型为置于沙子中的水泥地面和置于砂质粉土中的水泥地面。对照组和实验组相同，实验工况为 26℃，30% 和 26℃，60%，地下水位深度为 5m，水温 16℃。实验周期为48h，在室内相对湿度的影响下，地表面温度的变化如图6-22所示，相对湿度变化如图6-23所示。

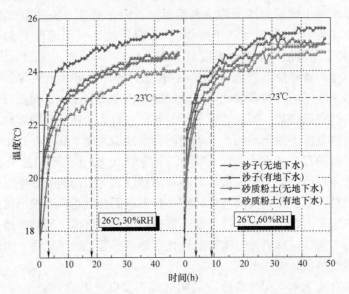

图 6-22　不同环境相对湿度和土壤类型下的地表面温度

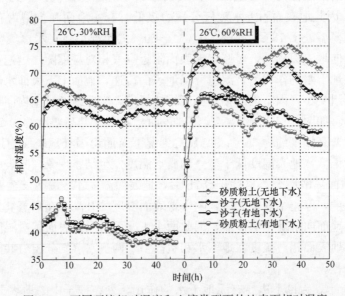

图 6-23　不同环境相对湿度和土壤类型下的地表面相对湿度

　　如图6-22所示，随着环境相对湿度的升高，地表面终态温度都会升高。这是因为，环境相对湿度较高时，在水蒸气分压力差的作用下，环境中的水蒸气向地面移动，其携带的汽化潜热被地面吸收，因此地表面温度高。沙子中地表面温度比砂质粉土中地表面温度高，而且在较低的环境相对湿度下两者差距明显。这是因为当环境相对湿度较低时，除去环境传热使地面升温外，主要依靠地下水湿传递带来的水蒸气汽化潜热使地表面升温，而砂质粉土因其自身湿传递系数小，湿传递速率小于沙子，处在沙子中的地面获得的汽化潜热更多，因此温度更高。

以地表面温度23℃为界，除沙子外，其余地表面温度在低相对湿度下升温速率均低于高相对湿度。正如之前所提到的，沙子传湿能力高于砂质粉土，而湿组分主要以水蒸气的形式传递，通过沙子传递的湿分要多，因此环境相对湿度对沙子升温速度的影响不明显，而砂质粉土主要依靠来自环境的湿传递，当环境相对湿度升高时，地面吸收的水蒸气较多，获得更多的汽化潜热，因此在较高相对湿度下升温较快。

如图6-23所示，在较高相对湿度下，对照组因无地下水作用而且水泥地面为高吸水性的多孔材料，因此不断吸收环境中水蒸气而使其表面相对湿度升高。而实验组地下水的湿传递作用使得地表面上下两侧水蒸气分压力差减小，地表面相对湿度升高速率较低。实验组地表面相对湿度在环境高相对湿度下增加速度快于低相对湿度下的。因为水蒸气分压力差大，地面吸收的水蒸气增加，表面相对湿度增加得快。

3. 地下水位深度

缩尺模型为置于砂质粉土中的夯实地面。模型尺寸为 $50cm \times 50cm \times 40cm$ 和 $50cm \times 50cm \times 50cm$（$L \times W \times H$），实验工况为 26℃，60%，地下水水温 16℃。实验周期为 48h，在不同地下水位高度的影响下，地表面温度和相对湿度变化如图6-24所示。

不同地下水位高度只会影响地表面的升温快慢，水位越浅，升温越快，终态温度基本维持相同，较深地下水对应的地表面相对湿度要比较低地下水位地表面相对湿度高。如图6-24所示，地下水为4m的地表面温度升温比5m的快，因为模型的下边界为地下水，浅层地下水模型中土壤厚度较小，吸收相同的热量，升温较快，从图6-25也可以看出，浅层地下水模型中部和底部测点的温度要比深层的高。由于模型冷热两端温度，即环境温度和地下水温度固定，因此总

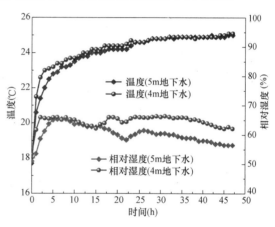

图6-24　不同地下水位下的地表面温湿度

的传热量是一致的，所以最终地表面温度都基本趋于一致。由图6-25也可以看出，随着实验的进行，两个模型中部测点基本趋于一致。

实验对象下边界都有地下水，因此，水蒸气分压力差不会太大，地表面相对湿度不会上升很快，随着实验的进行，浅层地下水传递的湿组分先于深层地下水到达地面，地面上下表面水蒸气分压力差进一步缩小，地表面相对湿度先趋于稳定，较深地下水对应的地表面相对湿度要比较低地下水位地表面相对湿度高10%。

4. 地面构造

模型分别为置于砂质粉土中的夯实地面和置于砂质粉土中的水泥地面，实验工况为26℃，60%，地下水位深度为5m，水温16℃。实验周期为48h，在不同地面构造的影响下，地表面温湿度的变化如图6-26所示。

不同地面构造会影响地表面的升温快慢，水泥地面升温快于夯实地面，终态温度基本一致；夯实地表面相对湿度波动比水泥地面大，且终态相对湿度比水泥地面高。如图6-26所示，水泥与土相比其比热容较低，因此水泥地面的地表面温升速度比夯实地面快，两组

模型的环境温度都为 26℃，地下水温度都为 16℃，传热温差一致的情况下，两组模型最终向地面传递的热量也近乎相同，所以最终达到稳态后两者温度相差不大，达到 25℃左右。

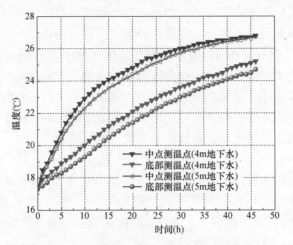

图 6-25　不同地下水位下的砂质粉土温度

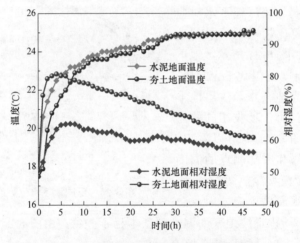

图 6-26　不同地面构造下的地表面温湿度

　　短时间内水泥地面和夯实地面迅速吸收空气中的水蒸气，地表面附近相对湿度增加，但因水泥内部有很多孔隙，有利于水的下渗，因此，地表面相对湿度升高幅度不大，仅有 15％左右，最终相对湿度维持在环境相对湿度附近。夯实地面相对湿度波动幅度较大，初始相对湿度升高幅度为 30％左右，随着地下水的湿传递，地面上下表面的水蒸气分压力差逐渐缩小，夯实地面吸收的水分逐渐下渗，地表面附近的相对湿度逐渐下降向环境相对湿度靠拢，达到稳态后相对湿度比水泥地面高 5％左右。

　　5. 地下水温

　　模型分别为置于沙子中的水泥地面，实验工况为 26℃，60％，地下水位深度为 5m，水温为 16℃ 和 18℃。实验周期为 48h，在不同地下水温的影响下，地表面温湿度的变化如图 6-27 所示。

高地下水温工况与低地下水温工况相比，地表升温快，相对湿度更低。如图 6-28 所示，较高地下水温条件下，地下水附近土壤升温快，湿传递扩散系数变大，而且温度越高，水蒸气分子动能越大，土壤吸湿量增加。因此，在被吸收水蒸气所携带的汽化潜热作用下，地下水温越高，其地表升温越快。如图 6-27 所示，实验进行一段时间后，随着土壤温度的上升，地下水湿传递的汽化潜热量有限，两种地下水温对热湿传递的影响程度逐渐被抵消，地表面温度的主导变化因素变为室内环境温度，而且地面构造周围土壤均一致，最终两种地下水温对应的地表面温度相差不大，基本维持在 25.5℃左右。

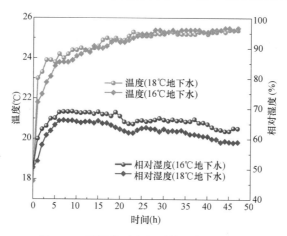

图 6-27　不同地下水温下的地表面温湿度

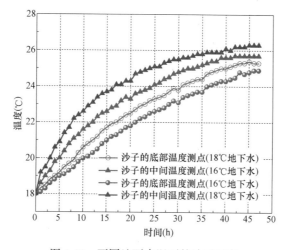

图 6-28　不同地下水温下的沙子温度

　　同样，如图 6-27 所示，在较高地下水温条件下，地面下表面获得更多来自地下水的湿组分，其上下表面水蒸气分压力差要小于水温较低地下水的，因此，18℃水温下由环境向地面传递水蒸气较少，相对湿度增加较慢。较低地下水温对应的地表面相对湿度要比较高地下水位地表面相对湿度高 7.6%。

本章参考文献

[1]　W. K. Lewis. The rate of drying of solid materials. Industrial Engineering Chemistry，1921，13：

427-432.

[2] F. Kallel，N. Galanis，B. Perrin，R. Javelas，Effects of moisture on temperature during drying of consolidation porous materials. Transactions of ASME，1993，115：724-733.

[3] J. Van Der Kooi，Moisture transport in autoclaved aerated concrete roofs. Eindhoven University of Technology，Waltman，Delft，1971.

[4] Pedersen C. R. Prediction of moisture transfer in building constructions. Building and Environment，1992，27（3）：387-397.

[5] Janssen H，Carmeliet J，Hens H. The influence of soil moisture in the unsaturated zone on the heat loss from buildings via the ground. Therm Envelope Build Sci，2002，25（4）：275-298.

[6] 王莹莹，刘艳峰，刘加平. 多孔围护结构热湿耦合传递过程研究及进展. 建筑科学. 2011，27（6）：106-112.

[7] Fernando Branco，Antonio Tadeu，Nuno Simoes. Heat conduction across double brick walls via BEM. Building and Environment，2004，39（1）：51-58.

[8] Marit Stoere Valen. Moisture Transfer in Organic Coatings on Porous Materials，Dep. of Building and Construction Engineering Norwegian University of Science and Technology，NTNUN-7034 Trondheim，NORWAY，1998.

[9] 周淑贞，张如一，张超. 气象学与气候学. 北京：高等教育出版社，2002.

[10] 廉乐明，李力能，吴家正. 工程热力学. 北京：中国建筑工业出版社，2001.

[11] 闫增峰. 生土建筑室内热湿环境研究. 西安建筑科技大学，2003.

[12] American Society of Heating，Refrigeration and Air-Conditioning Engineers. Handbook of Fundamentals. New York：ASHRAE Inc.，1981.

[13] T. Kusuda. Indoor humidity calculation. ASHRAE Trans，1983，2：728-738.

[14] 王莹莹，刘艳峰，王登甲，刘加平. 墙体传湿对内表面温度的影响关系研究. 华中科技大学学报（自然科学版），2012，40（12）：128-132.

[15] 王丽娟. 周期性双波动作用下围护结构热过程研究. 西安：西安建筑科技大学，2010.

[16] Mcintyre. Indoor climate. London：Applied Science Publisher，1980.

[17] 刘加平. 建筑热工学与绿色建筑. 南京：第九届全国建筑物理学术会议论文集，2004.

[18] Santos G H D，Mendes N. Simultaneous heat and moisture transfer in soils combined with building simulation. Energy ＆ Buildings，2006，38（4）：303-314.

[19] GB 50037—2013. 建筑地面设计规范. 北京：中国计划出版社，2013.

[20] O' Kelly B C. Accurate Determination of Moisture Content of Organic Soils Using the Oven Drying Method. Drying Technology，2004，22（7）：1767-1776.

第7章 围护结构传湿对室内热环境及空调负荷的影响

7.1 概　述

墙体内表面吸、放湿过程会影响其表面及室内空气的相对湿度，同时该过程会伴随着热量的吸、放，影响其内表面温度及热流，进而影响室内热环境和空调负荷。围护结构上形成的冷热负荷与其内表面上的热湿迁移皆有关系，目前相关负荷分析计算软件和设计规范主要建立在热传递的基础上，往往忽略建筑材料内部及表面的湿组分迁移，缺乏准确估计传湿对冷热负荷影响的方法，其计算准确性难以保证。对于湿迁移过程，虽有国内外学者分别对围护结构热湿耦合传递过程、空调除湿负荷形成和计算进行了深入研究，并取得丰硕成果。但对围护结构热湿耦合传递过程的研究的重点在于围护结构内部的热湿迁移机理分析及数学控制方程的不同简化处理，对空调除湿负荷形式及计算的研究重点主要针对如何降低室内空气湿组分在空调系统末端装置上的冷凝换热而言。关于围护结构内表面湿迁移过程对冷热负荷影响作用的研究成果尚少见报道。而忽略这种迁移过程，必然在冷热负荷计算中形成一定误差。我国地域广阔，这种误差也因各地建筑气候不同而各异，是否可以忽略该影响？不能忽略该影响时，应如何进行负荷修正？需定量分析后才能确定。

7.2 新建建筑墙体含湿量衰减特性及因素分析

围护结构内部的湿传递对其热量传递和保温性能有着不可忽视的影响。众所周知，新建建筑墙体的初始含湿量普遍较大，但随着墙体中含湿量与室内外环境的不断交换传递，含湿量逐渐降低，最终达到稳定状态。因此，掌握新建建筑墙体的含湿量衰减特性及其影响因素，对于新建建筑的室内热环境调节和建筑冷热负荷准确计算具有重要意义。

7.2.1 新建建筑墙体含湿量衰减特性

通过数值模拟计算可以获得新建建筑墙体内含湿量随时间的变化情况。选取干旱地区（西安）和潮湿地区（广州）为例进行了对比分析。

图 7-1 为西安地区初始含湿率为 100% 的烧结砖新建墙体含湿量的衰减过程，从图中可以看出，整个衰减过程可以分成三个阶段，分别为：快速衰减阶段、缓慢衰减阶段以及稳定阶段。西安地区烧结砖新建墙体的快速衰减阶段为建成后的前 20d，而缓慢衰减阶段从建成后 20d 起直到 4.66a，4.66a 之后达到稳定阶段，稳定含湿量为 0.00232m^3/m^3。

图 7-2 为广州地区初始含湿率为 100% 的烧结砖新建墙体含湿量的衰减过程。其快速衰减阶段为建成后的前 12d，缓慢衰减阶段从建成后 12d 起直到 2.05a，2.05a 后达到稳定阶段，稳定含湿量为 0.00347m^3/m^3。

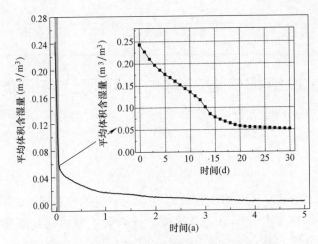

图 7-1　西安烧结砖新建墙体含湿量衰减过程

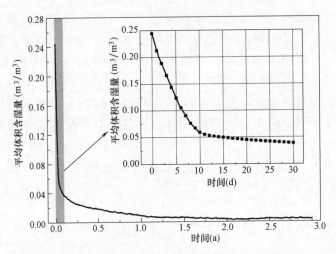

图 7-2　广州烧结砖新建墙体含湿量衰减过程

　　相同的初始含湿率条件下，西安地区与广州地区相比，其新建建筑墙体含湿量达到稳定状态所需的时间较长，主要原因是广州地区室外空气的含湿量较大，墙体含湿量达到稳定状态时的含湿量较高，墙体初始含湿量与稳定后含湿量的差值较小，因而达到稳定状态所需的时间更短。

7.2.2　新建建筑墙体含湿量衰减因素分析

　　1. 墙体类型对墙体含湿量的衰减影响

　　目前的新建建筑中为了满足建筑节能的要求多为复合墙体，墙体基层材料主要为钢筋混凝土、加气混凝土砌块、混凝土空心砖砌块等，常用保温材料有模塑聚苯乙烯泡沫熟料板（EPS）、挤塑聚苯乙烯泡沫熟料板（XPS）、聚氨酯（PU）、岩棉、保温砂浆等。为探讨墙体类型对墙体含湿量衰减过程的具体影响，选择目前在全国很多地区正在使用或存在的墙体类型进行分析说明，即烧结黏土砖墙、加气混凝土砌块墙、钢筋混凝土 EPS 复合保温墙。表 7-1 和表 7-2 给出了这三种类型墙体的构造及相应材料的物性参数。

墙体类型	墙体结构图	材料说明
烧结黏土砖墙		1—石灰砂浆　20mm 2—烧结黏土砖　370mm 3—水泥石灰砂浆　20mm
加气混凝土砌块墙		1—石灰砂浆　20mm 2—加气混凝土　240mm 3—水泥石灰砂浆　20mm
钢筋混凝土 EPS 墙		1—石灰砂浆　20mm 2—钢筋混凝土墙体　180mm 3—空气层　10mm 4—EPS 板　70mm 5—专用饰面砂浆　10mm

墙体主要材料物性参数　　　　　表 7-2

材料名称	干密度 （kg/m³）	有效饱和度 OEFF[①] （m³/m³）	吸水系数 [kg/(m²·s)]	水蒸气扩散 阻力系数
烧结黏土砖	1979	0.2406	0.050748	45.1
钢筋混凝土	2320	0.1429	0.02	110
加气混凝土	34	0.7	0.043	7
EPS	1797	—	—	—
石灰砂浆	1567	0.285	0.127	12
水泥石灰砂浆	—	0.25	0.17566	10.58

① 有效饱和度（OEFF）：多孔材料介质全部充满液态水时的体积含湿量。

图 7-3 给出了初始含湿率为 100% 的三种类型墙体 1a 内的含湿量衰减过程。由图可知，虽然三种类型墙体的初始含湿率相同，但初始平均体积含湿量差别较大，其中加气混凝土墙体的初始平均体积含湿量最大。此外，三种类型墙体的含湿量衰减过程有所差异，加气混凝土墙体由于初始平均体积含湿量较大，导致其快速衰减阶段较长；而钢筋混凝土

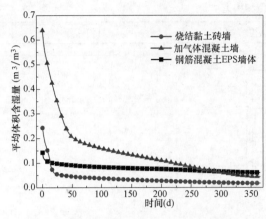

图 7-3　不同材料墙体建成 1a 内含湿量变化

EPS 墙体的初始平均体积含湿量较小，因而其快速衰减阶段的时间最短，相比之下烧结砖墙体含湿量变化则处于前两者之间。

表 7-3 汇总了不同典型墙体含湿量衰减所需要的稳定时间及稳定含湿量。从表中可知，虽然加气混凝土墙的初始平均体积含湿量最大，但其湿稳定时间最短，且达到稳定状态时的含湿量最小。钢筋混凝土 EPS 墙的初始平均体积含湿量较小，但达到稳定状态的时间最长，且稳定状态时的含湿量最大。

不同典型墙体含湿量变化　　　　　　　　　　　　　　　　表 7-3

墙体材料	湿稳定时间（a）	稳定含湿量（m³/m³）
烧结黏土砖墙	4.66	0.0023
加气混凝土墙	2.43	0.00828
钢筋混凝土 EPS 墙	10.98	0.0359

通过不同类型墙体的含湿量衰减过程也能分析出钢筋混凝土 EPS 墙稳定时间最长，其稳定体积含湿量也最大，对室内环境影响时间也将最长；此外，钢筋混凝土 EPS 墙稳定体积含湿量比烧结黏土砖墙高出一个数量级，所以一般水蒸气冷凝更易发生在此类墙体中，应该引起注意。

2. 墙体厚度对墙体含湿量的衰减影响

墙体厚度会对湿量的传递过程产生影响，进而对墙体含湿量的衰减过程产生影响。下面以烧结砖和加气混凝土为例进行分析说明。

图 7-4 及表 7-4 分别给出了不同厚度烧结黏土砖墙体的含湿量衰减过程以及达到相应稳定时的参数。当墙体厚度由 240mm 增加到 370mm 时，稳定时长及稳定含湿量也将随之增加，稳定时间增加显著，从 1.9a 增加到了 4.7a。

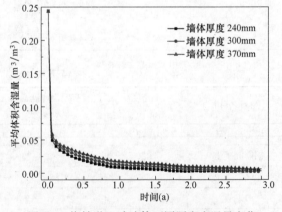

图 7-4　烧结黏土砖墙体不同厚度含湿量变化

不同厚度烧结粘土砖墙含湿量变化　　　　　　　　　　　表 7-4

墙体厚度（mm）	湿稳定时间（a）	稳定含湿量（m³/m³）
240	1.9	0.00223
300	2.8	0.00226
370	4.7	0.00232

图 7-5 及表 7-5 给出的是加气混凝土墙体在不同厚度下的衰减过程以及达到稳定时的参数。与前述烧结砖的衰减过程类似，随着墙体厚度的增加，加气混凝土墙达到含湿量稳定的时间也在增加。

不同厚度加气混凝土墙含湿量变化 表 7-5

墙体厚度(mm)	湿稳定时间(a)	稳定含湿量(m³/m³)
200	1.2	0.00816
240	1.7	0.0082
280	2.4	0.00824

综上所述，墙体厚度对墙体含湿量的衰减时间有明显影响，随着墙体厚度的增加，湿稳定时间会增加，且增加的量也会越来越大。因此，在满足结构和保温性能的基础上合理设计墙体厚度，可以减少墙体建成后的湿衰减过程时间，从而减少该过程对室内环境的影响时间。

3. 初始含湿率对墙体含湿量衰减的影响

不同的初始含湿率也会对墙体含湿量的衰减构成影响。以西安地区烧结砖墙体为例进行分析说明。

从图 7-6 可以看出，不同初始含湿率的黏土砖墙在建成后的 10～15d 之间其体积含湿量变化显著，体积含湿量的差异随时间逐渐减小，20d 后逐渐趋于一致。因此可以分析出，对于新建墙体，初始含湿率对墙体含湿量衰减的影响主要集中在建成初期，初始含湿量越大，在建成的一定时期内含湿量衰减越明显。此外，随着衰减过程的延续，衰减初期的差异会越来越小，并在最终趋于相同。

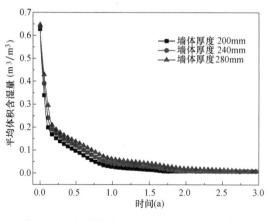

图 7-5 加气混凝土墙体不同厚度含湿量变化

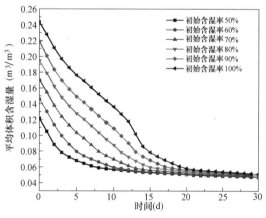

图 7-6 西安地区不同初始含湿率烧结黏土砖墙 30d 变化

4. 室内环境对墙体含湿量衰减的影响

室内相对湿度的降低会引起室内水蒸气分压力降低，进而造成围护结构表面散湿量的增加及墙体含湿量的加速衰减，因此室内相对湿度对墙体中的稳定含湿量影响较大。以室内相对湿度分别为 50%、60%、70% 为例进行分析说明。

由图 7-7 可见，室内相对湿度对新建钢筋混凝土 EPS 墙的稳定含湿量影响较为显著。当室内相对湿度为 50%、60%、70% 时，其对应的稳定含湿量分别为 0.036m³/m³、

$0.0412m^3/m^3$、$0.0497m^3/m^3$。因而对于新建墙体，降低室内相对湿度可显著降低墙体内部的湿积累。在高湿地区，采用钢筋混凝土加 EPS 保温形式的墙体更易发生受潮现象，在设计施工中应予以规避。

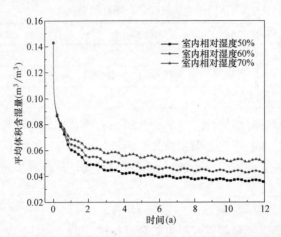

图 7-7 不同室内相对湿度下钢筋混凝土 EPS 墙体含湿量变化

7.3 墙体传湿对内表面温度的影响

墙体内表面的吸、放湿过程伴随着热量的吸放，因此会对内表面的温度有影响，进而会影响室内平均辐射温度。为研究墙体表面传湿对内表面温度的影响，以广州、西安、哈尔滨和北京的建筑为例进行分析计算。

计算房间尺寸为 8m×6m×3m，哈尔滨地区墙体构造为 480mm 砖＋10mm 水泥砂浆或 10mm 松木板，其他地区墙体构造为 240mm 砖＋10mm 水泥砂浆或 10mm 松木板，室外温湿度如表 7-6 和表 7-7 所示，室内无其他热湿源。

室外空气温湿度变化特性可用下式表示：

室外空气温度：

$$T_e = \overline{T}_e + A_e \sin((2\pi/T)t + \psi_1) \tag{7-1}$$

室外空气相对湿度：

$$\varphi_e = \overline{\varphi}_e + B_e \sin((2\pi/T)t + \psi_2) \tag{7-2}$$

式中　$\overline{T}_e$——室外空气平均温度，℃；

　　　$\overline{\varphi}_e$——室外空气平均相对湿度，%；

　　　A_e——室外空气温度波幅，℃；

　　　B_e——室外空气相对湿度波幅，%；

　　　ψ_1——室外空气温度的初相位，rad；

　　　ψ_2——室外空气相对湿度的初相位，rad；

　　　T——室外空气温度和相对湿度的波动周期，取 24h。

依据式（7-1）和式（7-2）对广州、西安、哈尔滨及北京地区的夏季最热月平均室外空气温湿度通式系数进行取值，如表 7-6 和表 7-7 所示。

城市	$\overline{T}_e(\text{℃})$	$A_e(\text{℃})$	$\psi_1(\text{rad})$	R^2
广州	28.4	−2.2	1.1	0.97873
西安	27.1	3.6	−8.7	0.98901
哈尔滨	22.8	−3.8	−23.8	0.99853
北京	25.8	−2.9	0.9	0.99339

城市	$\overline{\varphi}_e(\%)$	$B_e(\%)$	$\psi_2(\text{rad})$	R^2
广州	82	9	1.1	0.96429
西安	36	−14	−9.1	0.95386
哈尔滨	76	−13	−26.9	0.97631
北京	74	9	1.1	0.98007

图 7-8~图 7-11 中可知无论哪个地区，无论内表面材料是松木板还是水泥砂浆，考虑传湿时的内表面温度波幅都要小于未考虑传湿情况，但温度平均值是相等的。其原因为：室外空气相对湿度昼夜变化，在夏季自然通风状态下室外空气进入室内，当室内空气含湿量低于墙体内表面时，内表面放湿，反之内表面吸湿，同时内表面的吸、放湿过程伴有热量的吸放，使得考虑传湿时内表面温度在放湿阶段低于未考虑传湿情况，在吸湿阶段高于未考虑传湿时的内表面温度。因此，考虑内表面吸、放湿过程可减少内表面温度的波动幅度，但是平均值是相等的。

图 7-8~图 7-11 中各地区的表面含湿量和室内空气含湿量对比发现，两者的差值表现为内表面的吸、放湿过程，对应于图 7-12 可知吸、放湿情况，正值表示内表面向室内放湿，负值表示内表面从室内空气吸湿。

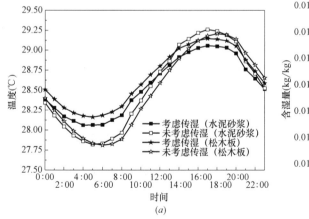 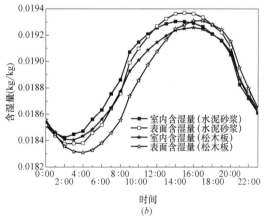

图 7-8　广州地区内表面材料不同时的表面温度及表面和室内空气含湿量

（a）表面温度；（b）含湿量

从图 7-12 中可看出，西安地区的墙体内表面吸、放湿量最大，因此对应于图 7-9 中的西安考虑与未考虑传湿时内表面温度相差较大，也就是说内表面的吸、放湿量影响内表面的温度，吸、放湿量越大，影响越明显。吸、放湿量的大小直接取决于墙体内表面和室内空气含湿量的差值。由于松木板的吸、放湿性能高于水泥砂浆，图 7-12 所示墙体内表面为松木板时的内表面湿流量大于内表面为水泥砂浆的情况。

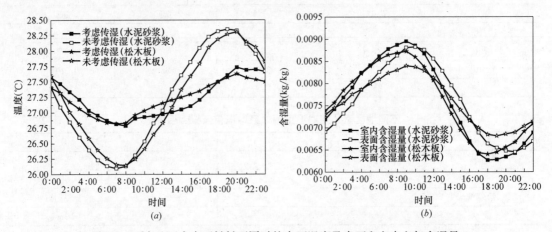

图 7-9　西安地区内表面材料不同时的表面温度及表面和室内空气含湿量
(a) 表面温度；(b) 含湿量

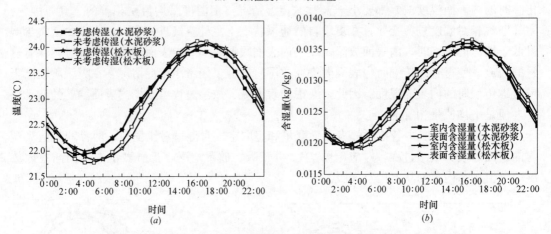

图 7-10　哈尔滨地区内表面材料不同时的表面温度及表面和室内空气含湿量
(a) 表面温度；(b) 含湿量

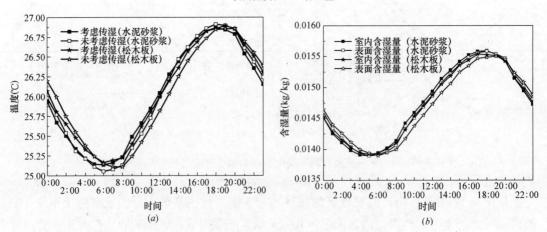

图 7-11　北京地区内表面材料不同时的表面温度及表面和室内空气含湿量
(a) 表面温度；(b) 含湿量

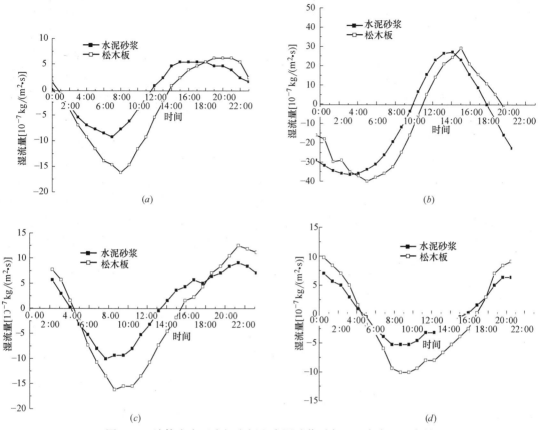

图7-12 墙体内表面为松木板和水泥砂浆时各地区内表面湿流量

（a）广州；（b）西安；（c）哈尔滨；（d）北京

室内空气含湿量及内表面空气含湿量波幅　　　　　　表7-8

地　区	内表面材料	室内含湿量波幅(g/kg)	表面含湿量波幅(g/kg)
广州	松木板	0.88	0.99
	水泥砂浆	0.85	1.00
西安	松木板	2.68	2.38
	水泥砂浆	2.33	1.58
哈尔滨	松木板	1.64	1.74
	水泥砂浆	1.54	1.63
北京	松木板	1.69	1.68
	水泥砂浆	1.62	1.60

表7-8为室内空气含湿量及内表面空气含湿量的波幅，室外空气含湿量的波动幅度越大，则内表面的吸放湿量越大，对内表面温度影响越明显。

7.4　传湿对室内热环境的影响

7.4.1　墙体传湿对室内温湿度的影响

舒适的室内热环境不仅要求温度适中，并且要求空气中有适量的水蒸气，以保持适宜的相对湿度。湿度过大或过小都会给人带来不舒适感，湿度过大将影响围护结构的热工性能，并且容易滋生霉菌等。

为研究墙体传湿对室内热湿环境的影响，以广州、西安、哈尔滨和北京地区的砖墙建筑为研究对象，在墙体内部传湿的基础上，重点计算分析墙体表面传湿对室内空气温度、相对湿度以及墙体内表面温度的影响，并且对内表面为水泥砂浆和松木板的墙体的室内热湿环境进行对比分析。计算房间尺寸及墙体构造与第7.3节一致。

由图7-13～图7-16可知，考虑传湿与未考虑传湿相比，室内空气温度基本相同，变化不大。以墙体内表面为水泥砂浆来具体分析传湿对室内空气相对湿度的影响。

图7-13表明，广州地区考虑传湿时室内空气相对湿度均在80％以下且平均值为75％，而未考虑传湿时有部分时间室内相对湿度在80％以上且平均值在82％左右，该环境对建筑本身及室内空气品质极为不利，需增加额外的除湿装置进行除湿才可满足室内空气的湿度要求。因此，对于潮湿地区，考虑墙体内表面的吸、放湿可以使室内空气相对湿度维持在舒适水平，并且不需要使用除湿装置。

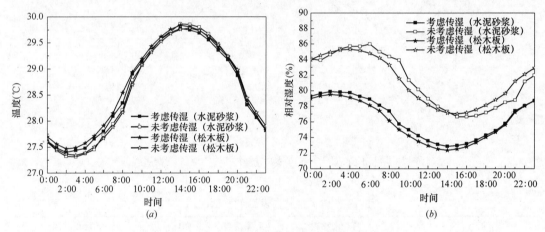

图7-13　广州地区内表面材料不同时的室内温湿度
(a) 温度；(b) 相对湿度

图7-14所示西安地区考虑传湿时室内空气相对湿度波幅为15％，而未考虑传湿时室内空气相对湿度波幅为23％。由此可知，考虑传湿时能使室内空气湿度水平在较小范围内波动。考虑传湿与未考虑传湿时的室内空气最高相对湿度分别为41％和47％，最低相对湿度分别为26％和24％，对于夏季来说即使不考虑传湿，室内仍是干燥环境，所以对于干燥地区，不考虑传湿情况对室内湿环境是有利的，因此可在墙体建成并干燥后在其表面增加一层吸水性较弱的材料。

图7-15所示哈尔滨地区考虑传湿时的室内相对湿度平均值为72％，而未考虑传湿时为76％；图7-16所示北京地区考虑传湿时的室内相对湿度平均值为69％，而未考虑传湿时为73％。因此，对于夏季湿度较为适中的地区，是否考虑传湿对室内空气相对湿度影响不大。

图7-13～图7-16所示考虑传湿与未考虑传湿墙体内表面材料为水泥砂浆和松木板时，室内空气温度及相对湿度稍有变化。考虑传湿时，内表面为松木板的室内空气相对湿度略低于内表面为水泥砂浆，其原因为松木板的吸湿性强于水泥砂浆，对室内湿度的调节能力

更强。未考虑传湿时，内表面为松木板的室内相对湿度有时高于或有时低于内表面为水泥砂浆的情况，但二者的平均相对湿度相等。

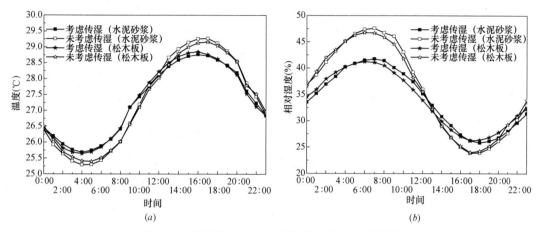

图 7-14　西安地区内表面材料不同时的室内温湿度
（a）温度；（b）相对湿度

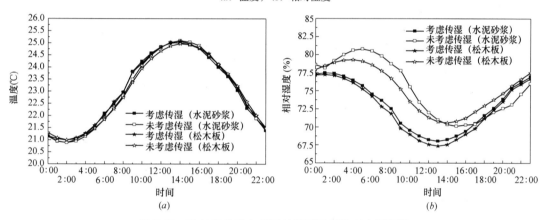

图 7-15　哈尔滨地区内表面材料不同时的室内温湿度
（a）温度；（b）相对湿度

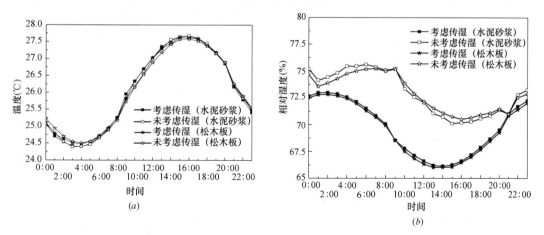

图 7-16　北京地区内表面材料不同时的室内温湿度
（a）温度；（b）相对湿度

7.4.2 建筑室内热湿环境测试

根据建筑围护结构含湿量及材料的不同，将测试建筑分为四类：1) 新建砖墙建筑；2) 建成一年的砖墙建筑；3) 建成多年的砖墙建筑；4) 建成多年的夯土墙建筑。建筑平面尺寸如图 7-17 所示，其中砖墙建筑的墙体均为 240mm 砖墙＋10mm 水泥砂浆＋白灰面层，夯土墙建筑则为 300mm 厚的土墙；新建砖墙建筑与建成一年砖墙建筑的窗户均为 2m×1.8m 的塑钢窗，建成多年的砖墙建筑窗户为 1.8m×1.5m 的塑钢窗，夯土墙建筑窗户为 1.5m×1.5m 的木框窗；砖墙建筑的地面面层为瓷砖，夯土墙建筑地面为土地面。

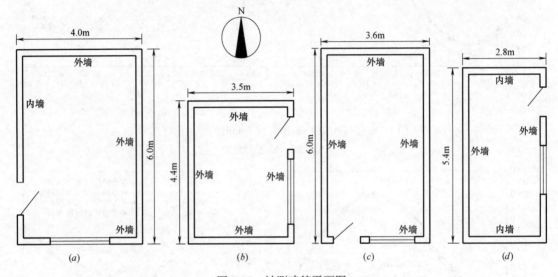

图 7-17 被测建筑平面图

(a) 新建砖墙建筑；(b) 建成一年的砖墙建筑；(c) 建成多年的砖墙建筑；(d) 建成多年的夯土墙建筑

主要测试参数包括：室内空气温湿度、室外空气温湿度、围护结构内表面温度，室内平均辐射温度、太阳辐射强度。

1. 夏季实测结果及分析

为了避免热湿源对室内热湿环境及平均辐射温度的影响，夏季测试期间室内无人居住，且无其他热湿源。夏季实测时间为 2012 年 8 月 7 日～8 月 16 日，测试期间连续晴天，间有多云天气。取测试期间 2012 年 8 月 9 日 0：00～8 月 10 日 23：00（连续两天）的实测数据对室内热湿环境及平均辐射温度进行对比分析。

由于夏季测试期间新建砖墙建筑还未安装门窗，室外空气可通过门窗孔洞直接进入室内，其受室外热湿条件影响较大，导致室内温度变化特性与室外空气温度类似，且温度波幅较大，难以反映围护结构传湿对室内热环境及内表面温度的影响，因此在夏季测试期间主要对后三种建筑的室内热湿环境及平均辐射温度进行对比分析。

室外空气温度及四种建筑室内空气温度如图 7-18 所示。室外空气温度波动幅度较大，最低值出现在 7：00 左右，约为 25.3℃，最高值出现在 15：00 左右，约为 32.1℃。室内空气温度波幅最小的是建成一年的砖墙建筑，最低值出现在 7：00 左右，约为 27.8℃，最高值出现在 21：00 左右，约为 29.1℃。为了表明不同材料墙体传湿对室内温度的影响，将已建多年夯土墙建筑与已建多年砖墙建筑进行比较，其室内空气温度均低于已建多年砖墙建筑，且平均值低约 1℃左右。

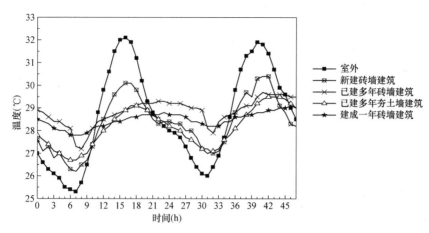

图 7-18　夏季测试期间室内外空气温度

结合表 7-9 可知，建成一年砖墙建筑室内空气温度波幅比已建多年砖墙建筑减少
1.2℃，且前者平均温度较后者低约 0.6℃左右，其原因为：建成一年后其墙体内部湿度
仍然较高，墙体内部的湿组分通过内表面不断向室内散湿并吸收墙体内表面的热量，使得
进入室内的显热导热流量减少，导致室内温度较低且波幅较小。

夏季室内外温度最高值、最低值及波幅　　　　　　　　　表 7-9

类　　型	最高值(℃)	最低值(℃)	波幅(℃)
室外	32.1	25.3	6.8
新建砖墙建筑	30.4	26.2	4.2
已建多年砖墙建筑	29.7	27.2	2.5
已建多年夯土墙建筑	29.5	26.7	2.8
建成一年砖墙建筑	29.1	27.8	1.3

图 7-19 所示为夏季测试期间四种建筑的室内平均辐射温度，其变化波幅从大到小依
次为新建砖墙建筑、已建多年夯土墙建筑、已建多年砖墙建筑及建成一年砖墙建筑，变化
幅值依次为 2.1℃、1.4℃、0.8℃和 0.6℃。建成一年砖墙建筑的室内平均辐射温度比已
建多年砖墙建筑平均辐射温度低 0.4℃左右。已建多年夯土墙建筑室内平均辐射温度比已
建多年砖墙建筑平均辐射温度低 1℃左右，其原因为：已建多年夯土墙建筑的热阻高于已
建多年砖墙建筑，使得通过墙体到达内表面的热流要小于已建多年砖墙建筑；但是后者平
均辐射温度变化波幅比前者小的原因为：夯土墙的吸放湿特性强于砖墙，因此由夯土墙墙
体内表面吸放湿引起的内表面温度变化要大于砖墙。

由图 7-20 与表 7-10 可知，已建多年夯土墙建筑室内空气相对湿度波幅最小，维持在
比较平稳的水平，是由于夯土墙材料的吸、放湿性较强，墙体内表面的吸、放湿过程可使
室内空气相对湿度变化幅度减小。新建砖墙建筑本身含湿量较大，需要不断向外散湿，并
且没有安装门窗，受室外空气温湿度的影响较大，因此室内空气相对湿度较高并且波幅较
大。建成一年砖墙建筑与建成多年的砖墙建筑相比，虽然室内相对湿度波幅一样，但是前
者室内空气相对湿度均高于后者 5%左右，说明前者受墙体本身初始含湿量较高的影响，
向外部散湿，使得室内空气相对湿度较高。

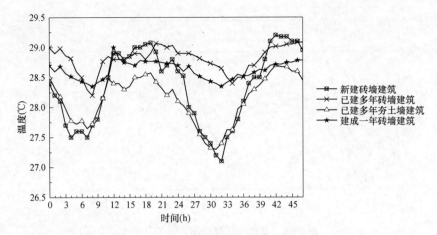

图 7-19　夏季测试期间室内平均辐射温度

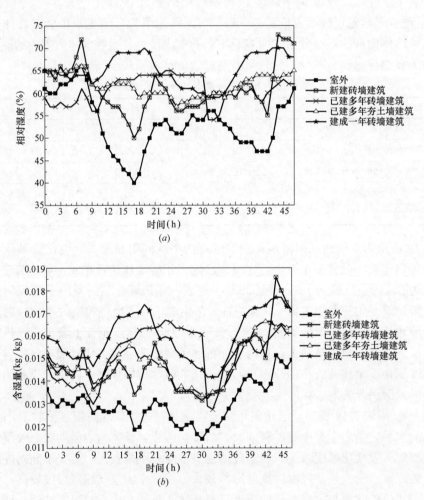

(a)

(b)

图 7-20　夏季测试期间室内外空气相对湿度及含湿量

(a) 相对湿度；(b) 含湿量

夏季室内外空气相对湿度最高值、最低值及波幅 表 7-10

类　　型	最高值(%)	最低值(%)	波幅(%)
室外	66	40	26
新建砖墙建筑	73	50	23
已建多年砖墙建筑	65	54	11
已建多年夯土墙建筑	66	57	9
建成一年砖墙建筑	70	59	11

2. 冬季实测结果及分析

冬季测试期间室内无人居住，且无其他热湿源。实测时间为 2012 年 12 月 7 日～15 日。测试期间以晴天为主，间有多云小雪天气。取测试期间 2012 年 12 月 9 日 0：00～12 月 10 日 23：00（连续两天）的实测数据对室内热湿环境及平均辐射温度进行对比分析（选取测试时间段均为晴天）。

图 7-21 所示为冬季测试期间室外空气温度及四种建筑室内空气温度测试结果。室外空气温度波动幅度较大，最低值出现在 8：00 左右，约为－1.0℃，最高值出现在 16：00 左右，约为 5.3℃。新建砖墙建筑在冬季测试期间虽已安装门窗，但是门窗缝隙较大，其室内温度变化波幅较大。

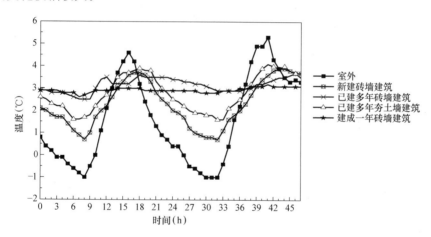

图 7-21　冬季测试期间室内外空气温度

由表 7-11 可知，新建砖墙建筑室内温度波幅较大，比建成一年砖墙建筑和已建多年砖墙建筑的室温波幅高 2℃和 1.4℃左右，且前者室内温度最低值比后两者的室内温度最低值分别低 1.9℃和 1.8℃左右，其原因为新建建筑墙体内部含湿量较高，需通过内外表面向外部空间散湿，导致墙体内表面温度较低，进而降低室内空气温度。室内空气温度波幅最小的是建成一年的砖墙建筑，为 0.6℃，最低值出现在 8：00 左右，约为 2.6℃，最高值出现在 15：00 左右，约为 3.2℃。已建多年夯土墙建筑的室内温度波幅比已建多年砖墙建筑高 1.3℃左右，且前者室内温度最高值高于后者 0.4℃左右，前者室内温度最低值低于后者 0.9℃左右，其原因为：夯土墙的吸、放湿性强于砖墙，因此由表面吸、放湿引起的表面温度变化较大，进而使室内温度波幅较大。

图 7-22 所示为冬季测试期间 4 种建筑室内平均辐射温度测试结果。其变化波幅从大

到小依次为已建多年夯土墙建筑、新建砖墙建筑、已建多年砖墙建筑及建成一年砖墙建筑，变化幅值依次为 2.3℃、1.8℃、1.1℃和 0.5℃；建成一年砖墙建筑平均辐射温度比已建多年砖墙建筑低 0.4℃左右；新建砖墙建筑平均辐射温度比建成一年砖墙建筑和已建多年砖墙建筑平均辐射温度分别低 0.7℃和 1.2℃左右。

冬季室内外温度最高值、最低值及波幅　　　　　　　表 7-11

类　型	最高值(℃)	最低值(℃)	波幅(℃)
室外	5.3	−1.0	6.3
新建砖墙建筑	3.3	0.7	2.6
已建多年砖墙建筑	3.7	2.5	1.2
已建多年夯土墙建筑	4.1	1.6	2.5
建成一年砖墙建筑	3.2	2.6	0.6

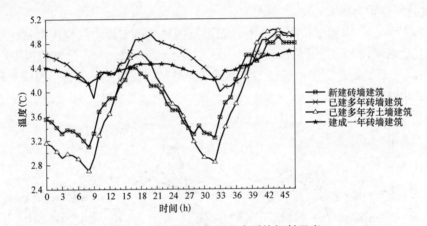

图 7-22　冬季测试期间室内平均辐射温度

测试期间室内外空气相对湿度、含湿量、相对湿度最高值、最低值及波幅如图 7-23 和表 7-12 所示。由图可知，室外空气相对湿度在最初阶段较高，可达 94% 左右，其主要

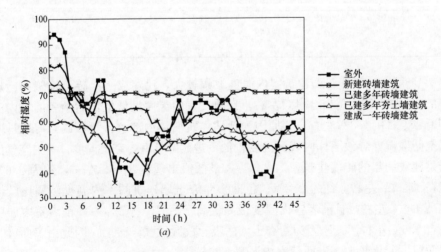

图 7-23　冬季测试期间室内外空气相对湿度及含湿量（一）

（a）相对湿度

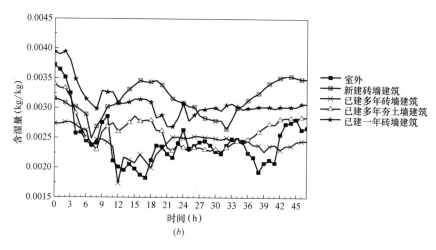

图 7-23　冬季测试期间室内外空气相对湿度及含湿量（二）

（b）含湿量

原因为测试前一天有小雪，测试期间其相对湿度最低值约为36％，最高值约为70％；新建建筑室内空气相对湿度较为平稳，处于70％左右，变化波幅最小，约为10％，新建建筑室内空气相对湿度平均值比建成一年砖墙建筑和建成多年砖墙建筑分别高7％和15％左右；已建多年砖墙建筑室内相对湿度始终低于新建一年砖墙建筑，其平均值低20％左右；已建多年夯土墙建筑室内相对湿度平均值高于已建多年砖墙建筑6％左右。新建砖墙建筑和建成一年砖墙建筑室内空气相对湿度较高，其主要原因为建筑初始含湿量较高，导致墙体不断向室内散湿。

冬季室内外空气相对湿度最高值、最低值及波幅　　　　表 7-12

类　型	最高值（％）	最低值（％）	波幅（％）
室外	94	36	58
新建砖墙建筑	72	62	10
已建多年砖墙建筑	60	36	24
已建多年夯土墙建筑	75	49	26
建成一年砖墙建筑	82	56	26

7.5　湿迁移对湿热湿冷地区室内热环境及空调负荷的影响分析

7.5.1　湿迁移对湿热地区室内热环境及空调负荷的影响分析

为研究墙体传湿及内表面吸、放湿过程对湿热地区室内热环境及空调负荷的影响，以广州地区为例进行计算分析。计算取房间尺寸为8m×6m×3m，且地面为地砖不吸水性材料，墙体结构为20mm水泥砂浆＋200mm钢筋混凝土＋40mm聚氨酯保温层＋20mm水泥砂浆。空调运行时间为8：00～20：00，其余时间关闭且夜间进行自然通风。空调运行期间室内人员及设备的散热量为500W，散湿量为5g/（m³·h），室内要求温湿度为26℃和65％，换气次数为0.5h^{-1}，夜间自然通风换气次数为5h^{-1}。

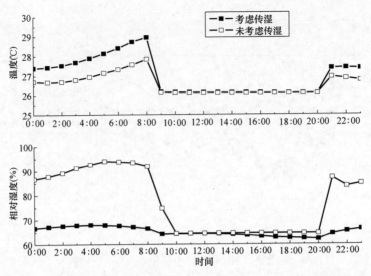

图 7-24　广州地区夏季考虑传湿与未考虑传湿时室内空气温度及相对湿度

图 7-24 所示为广州地区考虑与未考虑传湿时室内空气温度及相对湿度的变化情况。由图可知，空调关闭期间，考虑传湿时的室内空气温度略高于未考虑传湿情况，其原因为：夜间由于自然通风，湿度较大的室外空气进入室内，墙体内表面含湿量低于室内空气含湿量（见图 7-26），内表面吸湿过程放热引起内表面温度升高，考虑传湿时墙体内表面温度要高于未考虑传湿时 1℃左右（见图 7-25），因此考虑传湿时内表面与室内空气之间的换热量增加，使得室内空气温度较高。

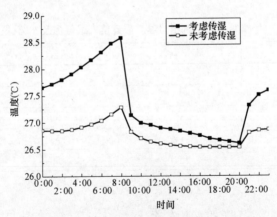

图 7-25　广州地区夏季考虑传湿与未考虑传湿时墙体内表面温度

如图 7-25 所示，空调运行期间考虑传湿与未考虑传湿时的内表面温差减小但仍高于未考虑传湿情况，其原因为：空调运行期间，墙体内表面含湿量高于室内空气含湿量（见图 7-26），内表面向室内放湿过程吸收表面热量，使得表面温度有所降低；但是同时考虑传湿时墙体导热系数增加，使得通过墙体的导热量增加。因此，表面的放湿作用降低表面温度，同时墙体的含湿使得表面温度升高，综合两者作用使得考虑传湿与未考虑传湿时的内表面温差减小但仍高于未考虑传湿情况。

由图 7-24 亦可发现，空调关闭期间，高湿的室外空气进入室内，由于墙体内表面的吸湿作用使得室内空气相对湿度维持在70％以下，不需其他除湿系统即可满足室内允许的湿度条件。而未考虑传湿时，室内空气相对湿度最高可达90％以上，这对于建筑的长期使用是极其不利的，将减少建筑的使用寿命，并且室内湿度过高会滋生霉菌等，降低室内空气品质，需要其他的除湿设备进行除湿。

图7-26所示为考虑传湿时室内空气和墙体内表面空气含湿量及墙体内表面的湿流量情况。由图可见，由于墙体内表面与室内空气之间存在含湿量差，使得墙体内表面存在吸、放湿过程。空调关闭期间，墙体内表面表现为吸湿过程，平均湿流量为 $3.8 \times 10^{-6} \mathrm{kg/(m^2 \cdot s)}$，如图7-26（b）所示；空调运行期间内表面放湿，平均湿流量为 $2.8 \times 10^{-6} \mathrm{kg/(m^2 \cdot s)}$。

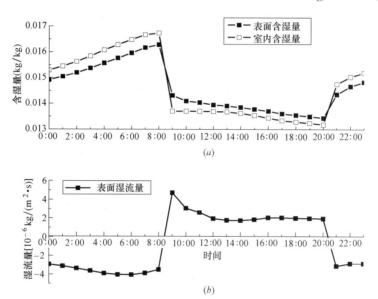

图7-26　广州地区夏季考虑传湿时内表面及室内空气含湿量和表面湿流量
（a）含湿量；（b）湿流量

图7-27所示为考虑传湿与未考虑传湿时的显热负荷、潜热负荷及总负荷情况。考虑传湿时，一方面由于空调关闭期间墙体内表面吸湿使得室内空气温度略高于未考虑传湿情况；另一方面，空调运行期间考虑传湿时墙体导热系数增加使得通过墙体的导热量增加。两方面综合作用使得考虑传湿时的显热负荷略高于未考虑传湿。而对于潜热负荷，由于考虑传湿时墙体内表面的吸、放湿过程使得室内相对湿度水平保持在70％以下，在空调运行期间，考虑传湿时不需要对室内进行除湿即可满足室内湿度要求；而未考虑传湿时需要附加潜热负荷对室内进行除湿，空调刚开始运行时室内湿度较高，潜热负荷较大，随后趋于稳定。综合可见，考虑传湿比未考虑传湿时总负荷减少15％左右。

7.5.2　湿迁移对湿冷地区室内热环境及空调负荷的定量影响分析

我国南方大部分都属于冬季湿冷地区，为研究湿迁移对湿冷地区室内热环境及空调负荷的影响，以武汉地区为例进行计算分析。

房间尺寸为8m×6m×3m，且地面为地砖不吸收水性材料。墙体结构为20mm水泥砂浆＋200mm钢筋混凝土＋40mmPU保温层＋20mm水泥砂浆。空调开启期间（8：00～20：00）室内产热量为500W，产湿量为2.5g/(m³・h)（0.00012kg/s），室内要求温湿

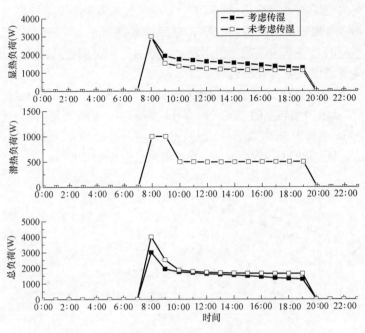

图 7-27　广州地区夏季考虑传湿与未考虑传湿时的负荷

度为 18℃ 和 65%，换气次数为 0.5h^{-1}。

图 7-28 为武汉地区冬季考虑传湿与未考虑传湿时室内空气温湿度情况。考虑传湿与未考虑传湿的室内空气温度基本相同，而空气相对湿度相差很大。考虑传湿时室内空气相对湿度夜间约为 78%，在空调运行期间，需要除湿以达到室内湿度要求。未考虑传湿时室内空气相对湿度在 65% 以下并且不需要除湿即可满足室内湿度要求。其原因为：考虑传湿时，冬季昼夜房间通风换气次数为 0.5h^{-1}，室外湿冷空气不能大量进入室内，因此墙体内表面由室内空气含湿量和表面含湿量差引起的吸放湿量将很少，此时进入室内的湿组分主要是由室外空气通过墙体进入室内的，所以考虑传湿时室内空气相对湿度较高。

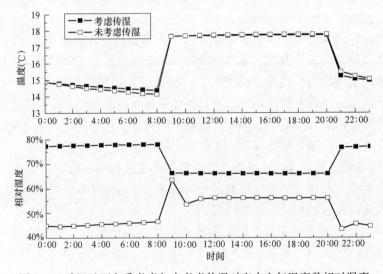

图 7-28　武汉地区冬季考虑与未考虑传湿时室内空气温度及相对湿度

图 7-29 为考虑传湿时内表面及室内空气含湿量和表面湿流量。由图可知，表面含湿量基本都高于室内空气含湿量，墙体内表面湿流量也表现为向室内放湿。其原因为：考虑传湿时，冬季昼夜房间通风换气次数为 $0.5h^{-1}$，室外湿冷空气不能大量进入室内，墙体内表面由室内空气含湿量和表面含湿量差引起的吸、放湿量将很少，此时进入室内的湿组分主要是由室外空气通过墙体进入室内的，因此内表面持续向室内放湿。

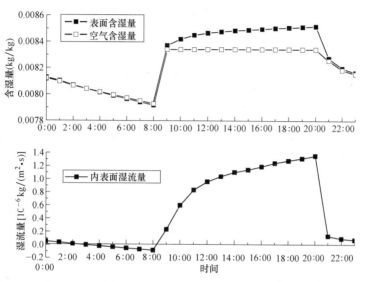

图 7-29　武汉地区冬季考虑传湿时内表面及室内空气含湿量和表面湿流量

图 7-30 为武汉地区冬季考虑传湿与未考虑传湿时墙体内表面温度情况。由图可看出，考虑传湿时墙体表面温度要低于未考虑传湿情况，其主要原因为：一方面，考虑传湿时墙体的导热系数变大，使得通过墙体进入室内的导热流量增加；另一方面；室外空气的湿组分通过墙体进入室内，在墙体内表面蒸发需要吸收热量，因此降低了内表面温度。

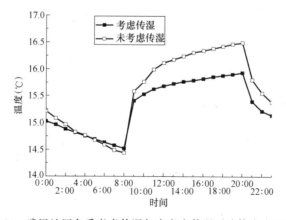

图 7-30　武汉地区冬季考虑传湿与未考虑传湿时墙体内表面温度

图 7-31 为武汉地区冬季考虑传湿与未考虑传湿时的显热负荷、潜热负荷及总负荷情况。考虑传湿时墙体内表面温度较低，因此此时的显热负荷要高于未考虑传湿情况。考虑传湿时，由于室外空气湿组分通过墙体不断向室内放湿，为达到室内湿度条件，需要进行除湿，因此潜热负荷增加。综合来看，考虑传湿时总负荷要比未考虑传湿时增加 22%。

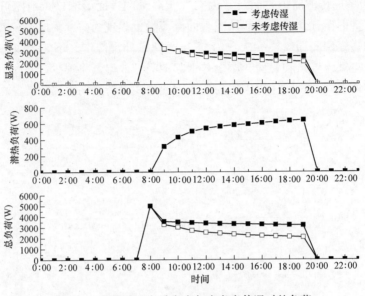

图 7-31　武汉地区冬季考虑与未考虑传湿时的负荷

7.6　湿迁移对干热干冷地区室内热环境及空调负荷的定量影响分析

7.6.1　湿迁移对干热地区室内热环境及空调负荷的定量影响分析

西安属于典型的夏季干热地区，最热月平均气温和平均相对湿度分别为 27.5℃ 和 36%。以西安地区为例研究湿迁移对干热地区室内热环境和空调负荷的影响，建筑尺寸结构及房间空调启闭时间的设置与第 7.5.1 节的广州相同。

图 7-32 所示为西安地区夏季考虑传湿与未考虑传湿时室内空气温湿度情况。由图可知，考虑传湿与未考虑传湿时室内空气温度几乎相同，其原因为：一方面干热地区室外空

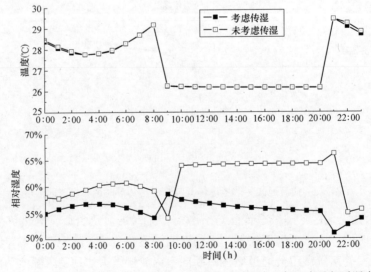

图 7-32　西安地区夏季考虑传湿与未考虑传湿时室内空气温度及相对湿度

气相对湿度较低，对墙体的导热系数影响较小，可忽略，因此通过墙体进入室内的导热流几乎相同；另一方面，墙体内表面的吸、放湿量较小（见图 7-33），内表面吸、放湿过程对内表面温度的影响也相应较小。

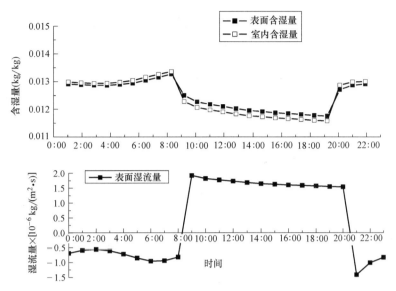

图 7-33　西安地区夏季考虑传湿时内表面及室内空气含湿量和内表面湿流量

考虑传湿时室内空气相对湿度在空调运行期间保持在 65% 以下，不需要除湿；未考虑传湿时，在空调关闭期间室内空气相对湿度在 65% 以下且不需其他除湿设备进行除湿，但是在空调运行期间室内产湿量增加，由于墙体内表面不吸湿，室内空气相对湿度升高甚至达到 65% 以上，此时需要除湿来保持室内空气相对湿度在 65%，增加了空调的潜热负荷。

图 7-33 所示为西安地区夏季考虑传湿时内表面和室内空气含湿量及内表面湿流量情况。空调关闭期间内表面含湿量低于室内空气含湿量，空调运行期间内表面含湿量高于室内空气含湿量，因此内表面表现为吸、放湿交替过程。平均吸、放湿量分别为 $0.83 \times 10^{-6} kg/(m^2 \cdot s)$ 和 $1.67 \times 10^{-6} kg/(m^2 \cdot s)$。

图 7-34 为西安地区夏季考虑传湿与未考虑传湿时墙体内表面温度情况。由于墙体导热系数在干热地区受湿度的影响较小，因此考虑传湿与未考虑传湿时内表面温度的差异主要由于内表面的吸、放湿过程引起的，由于内表面吸放湿量较小，所以两者内表面温度差异较小基本相同。

图 7-35 所示为西安地区夏季考虑传湿与未考虑传湿时显热负荷、潜热负荷及总负荷情况。由图可知，考虑传湿时的显热负荷略低于未考虑传湿情况。对于潜热负荷，考虑传湿时室内相对湿度较低，当室内产湿量增加时可不进行除湿即可满足室内湿度条件；而未考虑传湿时室内相对湿度较高，当室内产湿量增加时必须除湿才可满足室内湿度条件，因此未考虑传湿时的潜热负荷增加。考虑传湿时总负荷比未考虑传湿时减少 20% 左右。

7.6.2 湿迁移对干冷地区室内热环境及空调负荷的定量影响分析

我国西北地区大部分属于冬季干冷地区，西安最冷月平均气温和平均相对湿度分别为 0.5℃ 和 44%，为研究传湿对干冷地区室内热环境和负荷的影响，选择西安为研究对象进行计算分析。

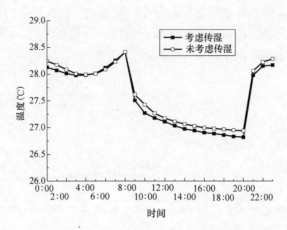

图 7-34　西安地区夏季考虑传湿与未考虑传湿时墙体内表面温度

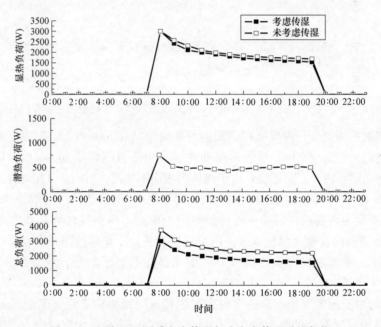

图 7-35　西安地区夏季考虑传湿与未考虑传湿时的负荷

房间尺寸为 8m×6m×3m，且地面为地砖不吸水性材料。墙体结构为 20mm 水泥砂浆＋200mm 钢筋混凝土＋40mmPU 保温层＋20mm 水泥砂浆。空调开启期间（8：00～20：00）室内产热量为 500W，产湿量为 2.5g/（m³·h）（0.00012kg/s），室内要求温湿度为 18℃和 65％，换气次数为 0.5h⁻¹。

图 7-36 所示为西安地区考虑传湿与未考虑传湿时室内空气温湿度情况。由图可知，考虑传湿与未考虑传湿时室内空气温度基本相同。考虑传湿时，室内空气相对湿度波幅较小，并且平均相对湿度约为 40％。未考虑传湿时室内空气相对湿度波幅较大，且最低值在 20％以下。室内空气含湿量一定时，温度升高，相对湿度下降。在空调运行期间室内温度升高，未考虑传湿时由于室内产湿量增加导致室内相对湿度升高，而考虑传湿时室内产湿量增加的同时墙体内表面吸湿（见图 7-37），使得室内相对湿度有所降低。

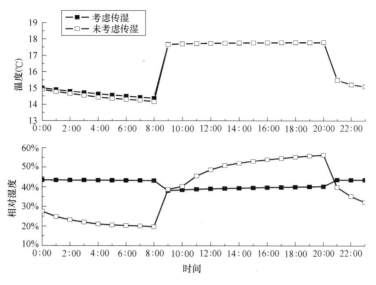

图 7-36　西安地区冬季考虑传湿与未考虑传湿时室内空气温度及相对湿度

图 7-37 所示为考虑传湿时墙体内表面含湿量、室内空气含湿量及内表面湿流量情况。空调关闭期间，内表面含湿量略高于室内空气含湿量，墙体内表面放湿量很小。空调运行期间，内表面含湿量低于室内空气含湿量，墙体内表面表现为从室内吸湿，且吸湿量远远大于放湿量。其原因为：考虑传湿时，冬季昼夜房间通风换气次数为 $0.5h^{-1}$，室外空气不能大量进入室内，墙体内表面由室内空气含湿量和内表面含湿量差引起的吸、放湿量将很少，当室内有湿源时，室内空气湿度大于室外，室内湿组分通过墙体向室外传递，因此内表面一直表现为从室内吸湿。图 7-38 为考虑传湿与未考虑传湿时墙体内表面温度，气候干燥，由湿度引起的材料导热系数的变化可忽略，且墙体内表面的吸、放湿量很小，由吸放湿过程引起的内表面温度变化可忽略，因此考虑传湿与未考虑传湿时墙体内表面温度基本相同。

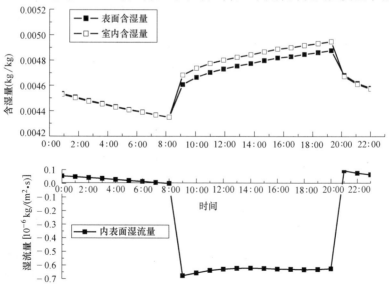

图 7-37　西安地区冬季考虑传湿时内表面及室内空气含湿量和表面湿流量

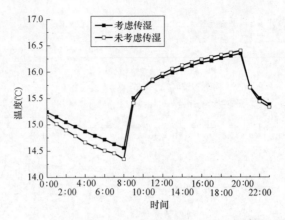

图 7-38　西安地区冬季考虑传湿与未考虑传湿时墙体内表面温度

从图 7-36 中可看出，考虑传湿与未考虑传湿时在空调运行期间皆不需除湿，因此二者的潜热负荷均为零。且由图 7-39 中可知，考虑传湿与未考虑传湿时显热负荷基本相同，因此不需对负荷进行修正。

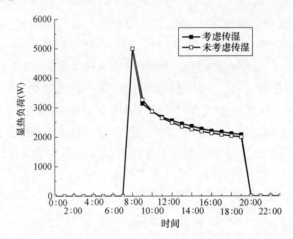

图 7-39　西安地区冬季考虑传湿与未考虑传湿时的显热负荷

7.7　考虑湿迁移时夜间通风换气次数对室内热环境及负荷的影响分析

夏季夜间进行自然通风可有效降低室内空气温度，减少空调运行能耗。当考虑传湿过程时，通风换气次数对室内热环境及空调负荷是否有影响？以考虑传湿时夜间通风换气次数对室内热环境及负荷的影响为目的，研究以武汉地区为例进行计算分析。房间尺寸及墙体结构与第 7.5.1 节的广州相同，空调开启期间室内人员及设备散热量为 500W，散湿量为 $5g/(m^3 \cdot h)$，室内要求温湿度为 26℃和 65%，空调运行期间换气次数为 $0.5h^{-1}$，夜间自然通风换气次数分别为 $5h^{-1}$ 和 $15h^{-1}$。

图 7-40 所示为武汉地区夏季考虑传湿与未考虑传湿时夜间通风换气次数不同对室内空气温湿度的影响情况。由图可知，未考虑传湿时，夜间通风换气次数为 $15h^{-1}$ 时的室内空气温度略低于 $5h^{-1}$ 时，而室内空气相对湿度基本相同。考虑传湿时，夜间通风换气次

数为 15h^{-1} 时的室内空气温度同样也略低于 5h^{-1} 时，但是室内空气相对湿度却相差很大，夜间通风换气次数为 5h^{-1} 时室内空气相对湿度在 70％以下，而换气次数为 15h^{-1} 时在 70％以上接近 80％。由此可知，夜间通风换气次数不同对室内空气温度影响较小，但是对湿度水平影响较大。

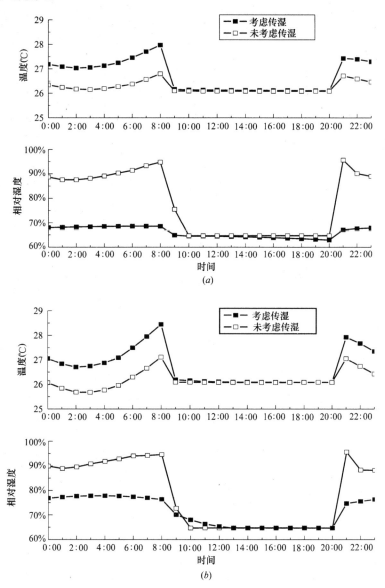

图 7-40　武汉地区夏季考虑传湿与未考虑传湿时室内空气温度及相对湿度

（a）夜间换气次数为 5h^{-1}；（b）夜间换气次数为 15h^{-1}

　　图 7-41 为武汉地区夏季考虑传湿时夜间通风换气次数不同墙体内表面和室内空气含湿量及内表面湿流量情况。如图可知，夜间换气次数为 15h^{-1} 的墙体内表面及室内空气含湿量在夜间皆明显高于 5h^{-1} 情况，而在白天空调运行阶段，两者的墙体内表面及室内空气含湿量值基本相同。对于墙体内表面湿流量来说，夜间换气次数为 15h^{-1} 的表面湿流量

波幅明显大于 $5h^{-1}$ 情况，夜间换气次数为 $5h^{-1}$ 和 $15h^{-1}$ 的夜间平均吸湿量分别为 $3.05 \times 10^{-6} \mathrm{kg/(m^2 \cdot s)}$ 和 $5.86 \times 10^{-6} \mathrm{kg/(m^2 \cdot s)}$，空调运行期间平均放湿量分别为 $1.97 \times 10^{-6} \mathrm{kg/(m^2 \cdot s)}$ 和 $4.02 \times 10^{-6} \mathrm{kg/(m^2 \cdot s)}$，换气次数为 $15h^{-1}$ 的吸放湿量均高于 $5h^{-1}$ 情况。即夜间换气次数越大，墙体内表面的吸、放湿量就越大。

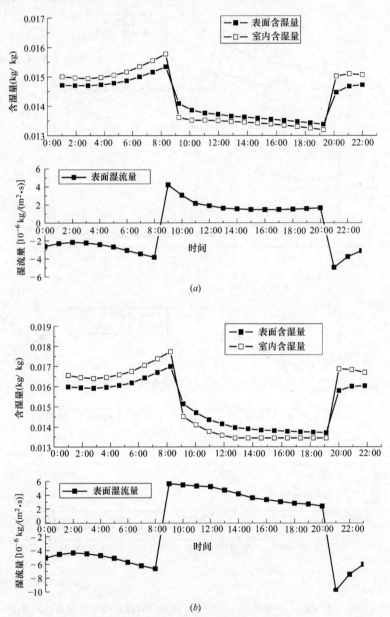

图 7-41　武汉地区夏季考虑传湿时内表面及室内空气含湿量和表面湿流量

(a) 夜间换气次数为 $5h^{-1}$；(b) 夜间换气次数为 $15h^{-1}$

图 7-42 所示为武汉地区夏季考虑传湿与未考虑传湿时夜间通风换气次数不同墙体内表面温度的变化情况。由图可知，考虑传湿时，夜间通风换气次数为 $15h^{-1}$ 时的墙体内表面温度波幅略大于 $5h^{-1}$ 情况，换气次数为 $15h^{-1}$ 和 $5h^{-1}$ 时的内表面温度最高可达 28.6℃

174

和 27.9℃，最低可分别达到 26.3℃和 26.5℃，夜间换气次数不同使得内表面的吸放湿量不同（见图 7-41），因此吸、放湿过程的吸、放热量不同，导致内表面温度也将不同。未考虑传湿时，夜间通风换气次数为 15h⁻¹时的墙体内表面温度略低于 5h⁻¹情况，但是温差很小。

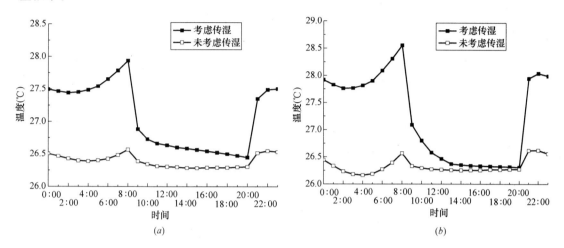

图 7-42　武汉地区夏季考虑传湿与未考虑传湿时墙体内表面温度

（a）夜间换气次数为 5h⁻¹；（b）夜间换气次数为 15h⁻¹

图 7-43 为武汉地区夏季考虑传湿与未考虑传湿通风换气次数不同时的负荷情况。当

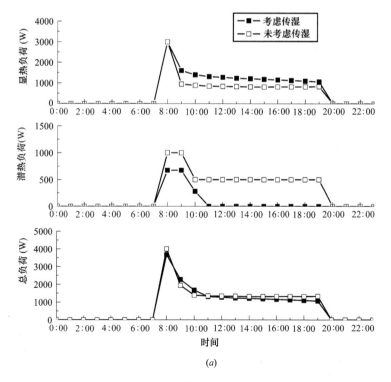

图 7-43　武汉地区夏季考虑传湿与未考虑传湿时的负荷（一）

（a）夜间换气次数为 5h⁻¹

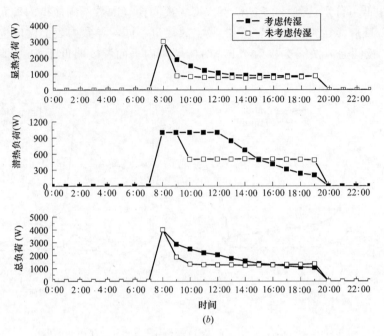

图 7-43　武汉地区夏季考虑传湿与未考虑传湿时的负荷（二）

（b）夜间换气次数为 15h⁻¹

不考虑传湿时，夜间换气次数为 5h⁻¹ 和 15h⁻¹ 时的显热负荷、潜热负荷及总负荷基本相同；当考虑传湿时，夜间换气次数为 15h⁻¹ 时的显热负荷比 5h⁻¹ 减少约 13%，换气次数为 5h⁻¹ 时夜间室内空气相对湿度在 70% 以下，且在空调运行初期需要潜热负荷除湿，随后潜热负荷为零即可满足室内湿度要求 ［见图 7-43（a）］；而换气次数为 15h⁻¹ 时夜间室内空气相对湿度接近 80%，且在空调运行初期除湿量较大随后减小，但是始终需要潜热负荷进行除湿 ［见图 7-43（b）］，因此导致前者总负荷要高于后者。夜间换气次数为 5h⁻¹ 时，考虑传湿时比未考虑传湿时总负荷要减少 6% 左右；夜间换气次数为 15h⁻¹ 时，考虑传湿时比未考虑传湿时总负荷要增加 20% 左右。

综合以上分析可知，对于白天空调夜间自然通风的建筑，夜间换气次数为 5h⁻¹ 和 15h⁻¹ 对室内空气温度的影响效果基本相同，而对于室内空气相对湿度的影响相差很大。当夜间通风换气次数增加时，室内空气含湿量明显高于墙体内表面，所以导致墙体内表面不断吸湿，当白天空调运行并除湿时，室内空气含湿量低于墙体内表面含湿量，此时墙体内表面将不断放湿，通风换气次数越大，墙体内表面的吸放湿量越大，夜间换气次数为 15h⁻¹ 的内表面吸放湿量是 5h⁻¹ 的 2 倍左右，明显增加了空调的潜热负荷。

附　　录

附录1　二元系的扩散系数

1atm（绝对）下气体扩散系数　　　　　　　　　　　　　　　　　附表 1-1

体　　系	温度(℃)	扩散系数×10^{-4} (m²/s)	体　　系	温度(℃)	扩散系数×10^{-4} (m²/s)
空气-氮	0	0.198		225	1.728
空气-水蒸气	0	0.220	甲烷-氩	25	0.202
	42	0.288	甲烷-氦	25	0.675
空气-二氧化碳	3	0.142	氮-氦	25	0.687
	44	0.177	甲烷-氢	0	0.625
空气-酒精	42	0.145	氮-氨	25	0.230
	25	0.135		85	0.328
空气-醋酸	0	0.106	氢-氨	25	0.783
空气-正己烷	21	0.080		85	1.093
空气-甲苯	25.9	0.086	氢-氮	25	0.784
	59.0	0.104		85	1.052
空气-氢	0	0.611	水蒸气-氮	34.4	0.256
空气-正丁醇	0	0.0703		35.4	1.303
	25.9	0.087	水蒸气-二氧化碳	34.3	0.202
	59.0	0.104		55.4	0.211
空气-正戊烷	21	0.071	SO_2-CO_2	70	0.108
氢-氰气	22.4	0.83	C_2H_5OH-CO_2	67	0.106
	175	1.76	丁醇-空气	19.9	0.0896
	796	8.10	C_2H_5OH-SO_2	30	0.0762
氦-氩	25	0.729	丁醇-氨	26.5	0.1078

液体扩散系数　　　　　　　　　　　　　　　　　　　　　　　附表 1-2

溶质	溶剂	温度(℃)	溶质浓度(mol/L)	扩散系数 D_{AB}×10^5 (cm²/s)	溶质	溶剂	温度(℃)	溶质浓度(mol/L)	扩散系数 D_{AB}×10^5 (cm²/s)
二氧化碳	水	25.0	0.0	2.00	盐酸	水	10.0	9.0	3.3
氨气	水	5.0	3.5	1.24			10.0	2.5	2.5
		12.0	1.0	1.64	苯酸	水	25.0	0.0	1.21
		15.0	3.8	1.77	丙酮	水	25.0	0.0	1.28
乙醇	水	10.0	0.1	0.50	醋酸	丙酮	25.0	0.0	3.31
		10.0	0.0	0.83	醋酸	苯	25.0	0.0	2.09
		10.0	0.0	0.84	乙醇	苯	15.0	0.0	2.25
		15.0	0.0	1.00	甲酸	苯	25.0	0.0	2.28
		25.0	0.0	1.24	苯	三氯甲烷	15.0	0.0	2.51
甲醇	水	15.0	0.0	1.28	乙醇	三氯甲烷	15.0	0.0	2.20
正丙醇	水	15.0	0.0	1.87	水	乙醇	25.0	0.0	1.13
正丁醇	水	15.0	0.0	0.77	甲苯	正乙烷	25.0	0.0	4.21
甲酸	水	25.0	0.1	1.52	氯化钾	水	25.0	0.05	1.87
醋酸	水	9.7	0.1	0.769	氯化钾	乙二醇	25.0	0.05	0.119
		25.0	0.1	1.26	氧气	水	18.0	0.0	0.98
丙酸	水	25.0	0.1	1.01			25.0	0.0	2.41
丁酸	水	25.0	0.1	1.92	氢气	水	25.0	0.0	6.30

溶质(A)	固体(B)	温度(℃)	扩散系数(cm²/s)	溶质(A)	固体(B)	温度(℃)	扩散系数(cm²/s)
氦气	二氧化硅	20	$(2.4\sim5.5)\times10^{-10}$	铋	铅	20	1.1×10^{-16}
氢气	镍	85	1.16×10^{-8}	汞	铝	20	2.5×10^{-15}
		125	3.4×10^{-8}	锑	银	20	3.51×10^{-21}
		165	10.5×10^{-8}	铝	铜	20	1.3×10^{-30}
氢气	铁	20	2.59×10^{-8}	镉	铜	20	2.71×10^{-15}
一氧化碳	镍	950	4.0×10^{-8}				

附录2　根据伦纳德-琼斯势函数确定 Ω_D 值

RT/ε_{AB}	Ω_D	RT/ε_{AB}	Ω_D	RT/ε_{AB}	Ω_D	RT/ε_{AB}	Ω_D	RT/ε_{AB}	Ω_D	RT/ε_{AB}	Ω_D
0.30	2.662	1.00	1.439	1.70	1.140	2.8	0.9672	4.2	0.8740	20	0.6640
0.35	2.476	1.05	1.406	1.75	1.128	2.9	0.9578	4.3	0.8694	30	0.6232
0.40	2.318	1.10	1.375	1.80	1.116	3.0	0.9490	4.4	0.8652	40	0.5960
0.45	2.184	1.15	1.346	1.85	1.105	3.1	0.9406	4.5	0.8610	50	0.5756
0.50	2.066	1.20	1.320	1.90	1.094	3.2	0.9328	4.6	0.8566	60	0.5596
0.55	1.966	1.25	1.296	1.95	1.084	3.3	0.9256	4.7	0.8530	70	0.5464
0.60	1.877	1.30	1.273	2.0	1.075	3.4	0.9186	4.8	0.8492	80	0.5352
0.65	1.798	1.35	1.253	2.1	1.057	3.5	0.9120	4.9	0.8456	90	0.5256
0.70	1.729	1.40	1.233	2.2	1.041	3.6	0.9058	5.0	0.8422	100	0.5130
0.75	1.667	1.45	1.215	2.3	1.026	3.7	0.8998	6.0	0.8124	200	0.4644
0.80	1.612	1.50	1.198	2.4	1.012	3.8	0.8942	7.0	0.7896	300	0.4170
0.85	1.562	1.55	1.182	2.5	0.9996	3.9	0.8888	8.0	0.7712		
0.90	1.517	1.60	1.167	2.6	0.9878	4.0	0.8836	9.0	0.7556		
0.95	1.476	1.65	1.153	2.7	0.9770	4.1	0.8788	10	0.7424		

附录3　由黏度数据确定的伦纳德-琼斯势参数 σ 和 ε/k

物　　质		σ(A)	ε/k(K)	物　　质		σ(A)	ε/k(K)
Ar	氩	3.542	93.3	CH_2Cl_2	二氯甲烷	4.898	536.3
He	氦	2.551**	10.22	CH_3Br	甲基溴	4.118	449.2
Kr	氪	3.655	178.9	CH_3Cl	甲基氯	4.182	350
Ne	氖	2.820	32.8	CH_3OH	甲醇	3.626	481.8
Xe	氙	4.047	231.0	CH_4	甲烷	3.758	148.6
Air	空气	3.711	78.6	CO	一氧化碳	3.690	91.7
AsH_3	砷化(三)氢	4.145	259.8	COS	硫化碳酰	4.130	336.0
BCl_3	氯化硼	5.127	337.7	CO_2	二氧化碳	3.941	195.2
BF_3	氟化硼	4.198	186.3	CS_2	二硫化碳	4.483	467
$B(OCH_3)_2$	甲基硼酸盐	5.503	396.7	C_2H_2	乙炔	4.033	231.8
Br_2	溴	4.298	507.9	C_2H_4	乙烯	4.163	224.7
CCl_4	四氯化碳	5.947	322.7	C_2H_6	乙烷	4.443	215.7
CF_4	四氟化碳	4.662	134.0	C_2H_3Cl	氯乙烷	4.898	300
$CHCl_3$	三氯甲烷	5.389	340.2	C_2H_3OH	乙醇	4.530	362.6

物	质	σ(A)	ε/k(K)	物	质	σ(A)	ε/k(K)
H$_2$S	硫化氢	3.623	301.1	C(CH$_3$)$_4$	2,2-二甲丙烷	6.464	193.4
Hg	汞	2.969	750	C$_6$H$_6$	苯	5.349	412.3
HgBr$_2$	溴化汞	5.080	686.2	C$_6$H$_{12}$	环己烷	6.182	297.1
HgCl$_2$	氯化汞	4.550	750	n-C$_6$H$_{14}$	正己烷	5.949	399.3
HgI$_2$	碘化汞	5.625	695.6	Cl$_2$	氯	4.127	316.0
I$_2$	碘	5.160	474.2	F$_2$	氟	3.357	112.6
NH$_3$	氨	2.900	558.3	HBr	溴化氢	3.353	449
NO	一氧化氮	3.492	116.7	HCN	氰化氢	3.630	569.1
NOCL	亚硝基氯	4.112	395.3	HCl	氯化氢	3.339	344.7
N$_2$	氮	3.798	714	HF	氟化氢	3.148	330
C$_2$N$_2$	氰	4.361	34806	HI	碘化氢	4.211	288.7
CH$_3$OCH$_3$	甲基醚	4.307	395.0	H$_2$	氢	2.287	597
CH$_2$CHCH$_3$	丙烯	4.678	298.0	H$_2$O	水	2.641	809.1
CH$_3$CCH	甲基乙炔	4.761	251.8	H$_2$O$_2$	过氧化氢	4.196	289.3
C$_3$H$_6$	环丙烷	4.807	248.9	N$_2$O	一氧化氮	3.828	232.4
C$_3$H$_8$	丙烷	5.118	237.1	O$_2$	氧	3.467	106.7
n-C$_3$H$_7$OH	正丙醇	4.549	576.7	PH$_3$	磷化氢	3.981	251.5
CH$_3$COCH$_3$	丙酮	4.600	560.2	SF$_6$	六氟化硫	5.128	222.1
CH$_3$COOCH$_3$	甲基醋酸盐	4.936	469.8	SO$_2$	二氧化硫	4.112	335.4
n-C$_4$H$_{10}$	正丁烷	4.687	531.4	SiF$_4$	四氟化矽	4.880	171.9
iso-C$_4$H$_{10}$	异丁烷	5.278	330.1	SiH$_4$	氢化矽	4.084	207.6
C$_2$H$_5$OC$_2$H$_5$	乙醚	5.678	313.8	SnBr$_4$	溴化锡	6.388	563.7
CH$_3$COOC$_2$H$_5$	乙基醋酸盐	5.205	521.3	UF$_6$	六氟化铀	5.967	236.8
n-C$_5$H$_{12}$	正戊烷	5.784	341.1